Vivências do Estágio Supervisionado em Química: do Planejamento à Regência

1ª edição

Douglas Vanzin

Vivências do Estágio Supervisionado em Química: do Planejamento à Regência

2024 Douglas Vanzin
1ª edição – 2024
ISBN nº **978-65-01-00310-8**

Clube de Autores Publicações

Dados Internacionais de Catalogação na Publicação (CIP)
(Câmara Brasileira do Livro, SP, Brasil)

Vanzin, Douglas
Vivências do estágio supervisionado em química : do planejamento à regência / Douglas Vanzin. -- Pitanga, PR : Ed. do Autor, 2024.

Bibliografia.
ISBN 978-65-01-00310-8

1. Estágio Curricular Supervisionado
2. Licenciatura 3. Química - Estudo e ensino
I. Título.

24-203636 CDD-540.7

Índices para catálogo sistemático:

1. Química : Estudo e ensino 540.7

Eliane de Freitas Leite - Bibliotecária - CRB 8/8415

PREFÁCIO

Este livro é um relato da vivência durante a última etapa do estágio supervisionado do curso de Licenciatura em Química. A obra visa auxiliar outros licenciandos na caminhada de sua formação, descrevendo desde o início do planejamento dos conteúdos, através de uma unidade didática, passando pelo período de reconhecimento da escola, até a implementação através da regência.

São apresentadas as experiências de um curto, mas considerável período, onde foi possível experimentar os gostos e os desafios da docência na educação básica em uma escola pública. Desde a introdução até todo o desenrolar do texto, serão apresentadas e discutidas algumas concepções da área de ensino de química. As tentativas em implementar algumas ferramentas educacionais, os resultados obtidos, as discussões (ou a ausência delas) geradas em sala de aula, bem como alguns fatores que transcendem as possibilidades de ação do docente na intermediação aluno-professor.

Espero que o relato da experiência que tive possa auxiliar o leitor interessado em futuras práticas educativas, principalmente aqueles que estão na trajetória para se tornarem professores de química. Que o texto possa refletir aspectos educacionais e desafios da sala de aula, principalmente na condição de estagiário. Para tal, me esforcei para ser fiel aos fatos e justo em minha análise.

Douglas Vanzin

SOBRE O AUTOR

Douglas Vanzin é Licenciado e Mestre em Química pela Universidade Estadual de Maringá (UEM), na área de Físico-Química e Química Computacional. Com vasta experiência educacional, atuou como professor de Química, Física, Robótica e Pensamento Computacional nas escolas públicas do Estado do Paraná e como professor assistente nos Departamentos de Química e de Tecnologia da Universidade Estadual de Maringá. Atualmente é docente de Química do Ensino Básico, Técnico e Tecnológico no Instituto Federal do Paraná (IFPR) em cursos técnicos e superiores.

SUMÁRIO

Capítulo 1

O estágio na formação docente

O estágio na escola é uma ferramenta fundamental para o acadêmico do curso de licenciatura tomar conhecimento de seu futuro campo de trabalho e se preparar para tal. A prática cotidiana de sala de aula traz mais segurança e tranquilidade para conduzir uma boa aula. Além disso, o convívio na escola e a troca de experiências com outros professores, equipe pedagógica e direção enriquecem o conhecimento do licenciando.

É necessário que o estagiário aprenda a observar e identificar problemas, estar sempre buscando informações, questionando e conversando com professores mais experientes. Somado a isso, o diálogo direto com os alunos ao atuar, permitindo-se fazer parte de suas vidas, é uma peça chave para uma boa atuação profissional, além de fazer com que o estagiário se sinta à vontade e consiga conduzir a aula com mais segurança e descontração. Isso pode facilitar o processo de assimilação do conhecimento, pois o aluno passa a ter mais prazer durante o aprendizado. Se o prazer instigar o interesse do estudante por determinado assunto, fazendo com que ele busque respostas às suas dúvidas, o processo de acomodação do conhecimento tem chances maiores de acontecer.

Mas o convívio direto e repetido entre professor e aluno muitas vezes é conturbado, já que nem sempre é possível conduzir uma aula de forma prazerosa aos alunos. Se nestes momentos a indisciplina se instaurar, poderão ocorrer situações indesejáveis com a turma. A sala de aula, além de um espaço para o aprendizado dos conteúdos, é também um espaço de convivência e de relações interpessoais, cujas experiências devem levar à educação propriamente dita. Esta não consiste apenas na obtenção de conteúdo, mas tem significado amplo, e depende das experiências da vida em sociedade, do contexto político, econômico, dos aspectos éticos, morais, e uma infinidade de quesitos que dependem, sobretudo de um convívio respeitoso.

Contudo, nas relações interpessoais, especialmente entre adolescentes, o respeito muitas vezes fica em segundo plano, sendo tarefa do professor mediar eventuais conflitos que surjam. O professor precisa desenvolver artifícios para conseguir manter um ambiente propício para o aprendizado em sala de aula. Precisa criar estratégias diferenciadas de ensino, chamar a atenção dos alunos para o assunto trabalhado, avaliar a compreensão e evolução cognitiva de uma classe de alunos com perfis e vivências muito diferentes e com particularidades às vezes difíceis de detectar.

Mesmo quando detectadas, geralmente, existem limitações que impedem o profissional de fazer um trabalho diferenciado com estes alunos. Estas limitações estão incrustadas no contexto contemporâneo da educação, principalmente de escolas públicas, vindas desde problemas estruturais, de materiais e se agrava com o grande contingente de alunos que precisam estar dentro de uma mesma sala de aula. Também há o desafio de enfrentar o desrespeito que parte destes alunos tem com os profissionais da educação, o tempo de atenção cada vez mais curto e insuficiente para ocorrer o aprendizado, a concorrência com os celulares e outros dispositivos eletrônicos, dentre outros.

O estágio na transição aluno-professor

De acordo com Francisco e Pereira (2004), o estágio surge como um processo fundamental na formação do profissional da educação, pois é a forma de fazer a transição de aluno para professor. O aluno de tantos anos descobre-se no lugar de professor. Este é o principal momento da formação em que o graduando pode vivenciar experiências e conhecer melhor seu campo de atuação. O Estágio Supervisionado consiste em teoria e prática, tendo em vista uma busca constante da realidade para a elaboração do programa de trabalho na formação do educador.

Ou seja, o estágio insere o futuro professor nesta atmosfera de oportunidades, de conflitos, de avanços e de impasses, tentando preparar para que ao assumir de fato uma turma, consiga buscar situações de contorno para realizar um bom trabalho. O desafio é desenvolver e aplicar metodologias sempre contemporâneas à realidade dos alunos, que os façam conquistar o que lhes é de direito: buscar o conhecimento para, com sua formação cidadã, tornem-se indivíduos transformadores do seu próprio destino e da sociedade.

Educação para a cidadania

A educação para a cidadania é um conceito inserido nos cursos de formação de professores e deve ser considerado no processo de ensino. Santiago, Antunes e Akkari (2020) argumentam que o conceito de cidadania, embora relacionado aos aspectos jurídicos e aos direitos e obrigações das pessoas e dos Estados, tem um significado mais amplo e complexo.

Historicamente, desde a Grécia antiga, apenas os homens eram cidadãos de uma cidade-estado, e a cidadania era um direito limitado a apenas uma parte da sociedade. Contudo, este entendimento mudou significativamente, marcado por revoluções em todo o continente e em todo o mundo. O contrato social moderno liga a cidadania ao estado de pertença nacional, mediado por processos identitários, e ao facto de os indivíduos garantirem direitos civis, políticos e sociais.

No contexto brasileiro, Carvalho (2002) acredita que a compreensão de cidadania foi afetada pelo contexto político, principalmente durante a ditadura militar, quando os direitos sociais do povo dependiam da vontade dos governantes. Na opinião popular, a visão de que o governo é quem decide atender ou não as necessidades sociais se sobrepõe à consciência das conquistas sociais alcançadas enquanto sociedade organizada. Pensando na percepção do indivíduo enquanto cidadão, é através da educação que ocorre a tomada de consciência sobre o seu papel social como sujeito de direitos e deveres, o que reforça a importância da educação cidadã.

No Brasil, a educação para a cidadania surgiu na década de setenta e hoje é considerada necessária por muitos educadores, inclusive para preservar a democracia. À medida que a globalização avança, ela também é incentivada internacionalmente como prática educacional (LUDWIG, 2022).

Em 2012, o tema da cidadania global foi incluído no debate sobre educação na Agenda Global das Nações Unidas, enfatizando a necessidade de melhorar a qualidade da aprendizagem. Neste sentido, a UNESCO propôs objetivos educacionais que visam a construção de sociedades mais justas, pacíficas, tolerantes e inclusivas, e o seu objetivo estratégico é que todos os estados membros formem estudantes para se tornarem cidadãos globais (UNESCO, 2015).

Para conseguir isso, as diretrizes da UNESCO (2015) baseiam-se nas dimensões cognitivas, socioemocionais e comportamentais da aprendizagem, com temas que incluem: compromisso com a justiça social, respeito pela diversidade, desenvolvimento do pensamento crítico, promoção da igualdade e compreensão das questões globais.

As instituições de ensino superior (IES) e as universidades também estão empenhadas em alcançar estes objetivos. Seus alunos devem ter oportunidades de alcançar uma aprendizagem intercultural mais ampla que vá além dos objetivos de desenvolvimento de carreira. Eles precisam compreender a importância de se tornarem e se formarem cidadãos globais. Nessa perspectiva, a formação docente realizada pelas universidades e instituições de ensino superior por meio da interface entre ensino, pesquisa e extensão desempenha um papel importante na promoção do processo de formação da cidadania dos estudantes (Santiago, Antunes, & Akkari, 2020).

Ressalta-se ainda que a educação para a cidadania é um processo que deve permitir a inclusão de saberes marginalizados. De acordo com Santiago, Antunes e Akkari (2020):

> Educação para a cidadania é um processo formativo que desestabiliza algumas tradições, relações e hierarquias; está, portanto, relacionada com o processo de produção de conhecimentos e tem como desafio político, social e epistemológico contribuir para a inclusão de todos os saberes que foram marginalizados ao longo da história.

A contextualização para o ensino efetivo

Para mudar as concepções e abordagens tradicionais do ensino e as prerrogativas presentes nos currículos e, também, considerando que a aquisição de conhecimento não deveria ser pautada apenas na memorização, surgiram os PCN (Parâmetros Curriculares Nacionais). Partindo dos princípios definidos na LDB (Leis de Diretrizes e Bases da Educação Nacional) de 1996, os PCN vieram para orientar o professor em novas abordagens metodológicas (BRASIL, 2000).

Nestes documentos oficiais, são sugeridas novas alternativas de organização curricular para o ensino médio. Uma delas tem sido muito importante e largamente incorporada pelos educadores em suas práticas educativas: a *contextualização*. O ensino contextualizado incentiva o raciocínio, o desenvolvimento do pensamento crítico e a formação cidadã a partir da significação de conteúdos aplicados à esfera regional e realidade social do aluno, permitindo um aprendizado mais significativo ao estudante. Outra alternativa importante é a *interdisciplinaridade*, que conecta áreas distintas do conhecimento ao tratar de um tema específico, tornando-o mais generalista.

A partir de situações cotidianas, questões ambientais, processos industriais ou aplicações conhecidas pelos de um tema, a contextualização pode orientar os alunos a perceberem a usabilidade e a importância de determinado conteúdo, despertar seu interesse e consolidar conhecimentos de forma mais consciente e duradoura.

A contextualização dos conteúdos é importante para trazer as situações cotidianas em sala de aula, procurando aproximar a realidade do aluno ao conhecimento científico (LIMA et al., 2000). O ensino contextualizado, não impede que se resolvam questões clássicas de química, principalmente se elas forem elaboradas buscando avaliar não a evocação de fatos, fórmulas ou dados, mas a capacidade de trabalhar o conhecimento (CHASSOT, 1993).

Para ampliar a visão de mundo dos alunos no seu cotidiano, a contextualização é importante. É possível trazer para a sala de aula fatos sociais, questões ambientais, industriais e até políticas, com relevância para o conteúdo ministrado, tornando assim a ciência visível no mundo que a rodeia.

Porém, é equivocada a ideia de que a contextualização se resume a utilizar linguagem química ou científica para descrever fenômenos cotidianos (SANTOS, 2007). Ela não deve acontecer sem o aprofundamento do contexto social ou ambiental em que o fenômeno está inserido. É necessário aplicar conhecimentos para compreender o fenômeno em questão para que a relevância prática possa ser demonstrada e assim aprofundar a compreensão dos alunos.

Esse tipo de ensino pode também dinamizar as aulas propiciando motivação para aprendizagem. O resultado, muitas vezes, chega a superar previsões baseadas nas habilidades ou conhecimentos prévios (SANTOS, 2007). Como já enfatizado, Chassot (1995), Santos e Schnetzler (1996) concordam que é papel da escola desenvolver a capacidade de tomada de decisão, formando cidadãos mais críticos. Para isso é essencial que os alunos consigam fazer a significação dos conceitos aprendidos.

A importância da contextualização no ensino de química também deve se refletir na formação dos professores da área para que desenvolvam essa habilidade e se habituem à sua utilização na prática docente. Nesse sentido, Lara e Duarte (2018) defendem "espaços de formação inicial e continuada que proporcionem aos docentes o desenvolvimento de novas referências sobre o processo de ensino aprendizagem".

Diante disso, durante o desenvolvimento do estágio do licenciando, os temas utilizados no planejamento da das aulas devem possibilitar um ensino contextualizado, aprofundado e sistematizado, levando em consideração a regionalidade e os públicos-alvo. Além disso, os aspectos de ensino, incluindo a educação cidadã, não podem ser ignorados. Portanto, a aprendizagem proporcionada nas aulas durante o período de estágio ser o passo inicial para que o futuro professor inicie o bom costume de pensar nessas questões em seu planejamento e desenvolvimento das aulas, para fazer com os conteúdos de sua disciplina, de fato, proporcionem seu desenvolvimento cidadão e emancipação para o mundo.

A definição do tema de estágio em Química

Ensinar Química de maneira significativa aos alunos do Ensino Médio não é tarefa simples. Mais especificamente, a Físico-Química se mostra uma área de entendimento laborioso para os estudantes, uma vez que grande parte deles, simplesmente acredita se resumir na memorização e aplicação de equações químicas para resolução de exercícios, não conseguindo transpor os conhecimentos para suas vidas.

Uma parte importante neste processo é fazer com que o aluno reflita e perceba a relação dos conhecimentos científicos com sua aplicabilidade. Na tentativa de uma resposta mais efetiva no ensino/aprendizagem de um assunto da área de Físico-Química, neste caso, a Termoquímica, buscou-se alternativas para problematizar e contextualizar conceitos relacionados, focando nos temas de transformações de energia, seus usos, sua importância tecnológica, social, econômica e política.

O estágio supervisionado em Química, principalmente nos anos finais da formação do licenciando, tem por objetivo inserir o futuro professor em situações reais de ensino-aprendizagem, familiarizando-o com práticas cotidianas de preparação e aplicação de aulas, elaboração e correção de atividades, desenvolvimento de trabalhos em grupos, práticas experimentais, aplicação e correção de avaliações, dentre outros exercícios didáticos que são de cunho educacional constantes no exercício da docência. Estas atividades são orientadas pelo professor da disciplina de Química em consonância com a filosofia de trabalho da escola e de acordo com o planejamento da disciplina.

O objetivo das aulas referentes à temática de Termoquímica foi, principalmente, despertar o senso crítico sobre as questões envolvidas na problemática da energia no mundo, nos mais variados aspectos (sociais, políticos, econômicos, éticos, científicos, etc.). Além disso, compreender os processos de transformação da energia, principalmente os químicos, seus usos e a importância na vida dos alunos.

Na condição de estagiário é necessário ser submetidos a situações reais de trabalho para oportunizar o desenvolvimento de métodos de ensino e fazer a transição aluno-professor. Além disso, as situações vividas em sala de aula diariamente transcendem o planejamento, sendo necessário desenvolver habilidades de improviso e adaptação à situação vigente, o que só é alcançado com a prática cotidiana.

Capítulo 2

Planejamento da unidade didática sobre Termoquímica

Ministrar aulas de um conteúdo planejado de acordo com as teorias atuais de ensino, que pregam métodos apropriados e visões contemporâneas de ensino, é uma boa oportunidade para desenvolver as habilidades necessárias para conduzir uma boa aula, preparando mais apropriadamente o futuro profissional da educação.

Sendo assim, o tema Termoquímica foi escolhido, primeiro, por fazer parte dos conteúdos planejados, na época de aplicação do estágio na escola escolhida. Adicionalmente, possibilita uma ampla discussão contextualizada, com boas problematizações e oportunidades de discussões em sala de aula, servindo como alicerce para o desenvolvimento da prática docente.

Planejamento do local e tema de estágio

Planejou-se desenvolver todo o estágio em um colégio da rede estadual paranaense, na cidade de Maringá, que conta com os níveis fundamental, médio e profissionalizante. Foram escolhidas duas turmas de segundo ano do ensino médio, do período matutino, cuja professora de química era a mesma para ambas as turmas.

O tema estruturador escolhido foi a Termoquímica, dentro do qual se pretende desenvolver os conteúdos de calorimetria, transformações de energia, espontaneidade das transformações, lei de Hess, entalpia e entropia.

A escolha da temática teve como objetivo analisar as várias formas de energia, destacando o desenvolvimento humano e tecnológico que proporcionou à sociedade. Também, os prejuízos ambientais que causou e, com isso, a necessidade da busca de fontes renováveis, sustentáveis e limpas. Além disso, fazer com que compreenda que a vida e o planeta dependem de um equilíbrio energético.

A abordagem utilizada no ensino da Termoquímica tinha por finalidade:

- Resgatar aspectos históricos e a evolução dos usos da energia pelo homem;
- Compreender o equilíbrio energético existente no Universo;
- Conscientizar os alunos sobre a necessidade do uso responsável e sustentável das fontes de energia e das consequências ambientais;

- Fazer com que entenda os processos termodinâmicos das transformações químicas, trocas de calor e espontaneidade dos processos;

- Estender os conceitos de energia aos processos industriais de produção de artigos necessários à nossa sobrevivência.

Os objetivos propostos se justificam a necessidade de oferecer uma formação cidadã com base nas ciências da natureza. Ao serem atingidos, mesmo com alguma defasagem dos conteúdos químicos formais, o estudante terá subsídios para compreender e valorizar os processos energéticos que são inerentes à sua vida. O trabalho contextualizado e interdisciplinar de toda a termoquímica deve permitir um entendimento consolidado e proveitoso do assunto se os alunos tiverem o engajamento necessário para tal, sem prejudicar a compreensão dos aspectos teóricos dos processos termodinâmicos.

Roteiro dos conteúdos

A ordem de conteúdos e abordagens a seguir foi planejada:

- Discussão e conceitos fundamentais sobre fontes energéticas – hidroelétricas, termoelétricas, energia nuclear, carvão, petróleo, gás, etc – e como a energia é obtida a partir delas; combustão e poluentes emitidos; efeito estufa;
- Conceitos de energia, trocas de calor, sistema, vizinhança, fronteira e formas de conversão de energia;
- Produção e consumo de energia pela sociedade;
- Reações endotérmicas, exotérmicas e espontaneidade das reações;
- Experimentos mostrando reações endotérmicas, exotérmicas, espontâneas, catalisadas;
- Lei de Hess e cálculo de variação de entalpia;
- Entropia e espontaneidade das reações químicas.

Recursos Disponíveis

A escola escolhida para o desenvolvimento das atividades de estágio continha em sua estrutura salas de aula de tamanho adequado ao número de alunos, arejadas e suficientemente mobiliadas, quadro negro, giz escolar, livro didático, antigo televisor pendrive, laboratório de Ciências (Química, Física e Biologia) com parte das vidrarias e reagentes necessários à realização de aulas práticas, laboratório de informática, impressora, biblioteca, copiadora, dentre outros recursos indispensáveis à escola.

Em relação aos recursos humanos, havia cerca de 25 alunos por turma. A professora de Química era efetiva do quadro próprio do magistério estadual, licenciada em Química e titular das turmas. Também havia à disposição um servidor técnico de informática, uma bibliotecária, equipe pedagógica, administrativa, de serviços gerais e o corpo docente da escola.

Considerando o número de alunos presentes nas aulas e as boas condições estruturais, salvo a deficiência parcial de reagentes e materiais laboratoriais, havia uma expectativa positiva para aplicação desta unidade didática.

Cronograma de Execução

As aulas foram ministradas na segunda metade do terceiro bimestre do ano letivo, planejadas para ocorrer entre 12 e 14 aulas (5 ou 6 semanas). Esse planejamento levou em conta que, na conjuntura do início do bimestre, era necessário finalizar o conteúdo de Soluções em uma das turmas e iniciá-lo na outra para, somente depois disso, iniciar a aplicação do planejamento do conteúdo de Termoquímica.

Com cerca de duas semanas de antecedência das aulas planejadas, seria solicitado a realização de uma pesquisa aos alunos da classe, dividindo-a em seis grupos, com temas diferentes. Os resultados desta pesquisa seriam apresentados para a classe na primeira aula planejada para o conteúdo de termoquímica, utilizando recursos que considerassem adequados, tal como cartazes, panfletos, lousa, conversas etc.

A finalidade desta atividade era proporcionar maior familiaridade dos alunos com os temas básicos necessários às discussões das aulas. Esta é uma forma de ambientação dos estudantes aos conteúdos que serão ministrados, levando a turma a se familiarizar com alguns conceitos e iniciar uma conversa a respeito da temática. Assim, todos os presentes tomariam conhecimento de todos os assuntos apresentados pelos colegas. Além da apresentação de 5 a 10 minutos, será solicitado à entrega de um resumo do que será apresentado.

Os problemas a serem pesquisados são adaptações de GOI e SANTOS (p.205, 2009), sendo os seguintes:

> I - Em nosso dia a dia, podemos observar várias combustões domésticas. Como exemplos, podemos citar: a queima de madeira, gás de cozinha, vela, álcool etc. Até mesmo ao fazer um churrasco, realizamos a queima (combustão) do carvão. Para fazer um churrasco, devemos produzir o fogo. Para isso, geralmente utiliza-se carvão. Entretanto, o que é carvão? Explique como o carvão é obtido, como ele gera energia e como muitas indústrias usam esta energia.

> II - A gasolina é um derivado do petróleo e, assim como o carvão, sua queima gera energia, sendo por isso, muito

utilizada como combustível. No entanto, os produtos de sua queima geram substâncias que provocam grandes impactos ambientais. Além da gasolina, quais outros derivados do petróleo são utilizados como fonte energética? Além de energia, o petróleo tem outros usos industriais?

III - A partir da expansão industrial, cresceu consideravelmente a utilização de reações com combustíveis fósseis, aumentando assim a quantidade de gás carbônico livre na natureza. Uma das consequências da emissão desse gás em grande escala é a intensificação do efeito estufa. Faça um levantamento teórico dos gases que poluem o ambiente, quais os prejuízos à natureza e o que é o efeito estufa.

IV- A energia elétrica tornou-se extremamente útil e necessária à sociedade, principalmente a partir do final do séc. XIX, quando as primeiras usinas hidroelétricas foram construídas. Comente como funciona uma usina hidroelétrica e suas vantagens e desvantagens ambientais comparada com outras fontes de energia.

V- Uma importante fonte de energia usada em muitos países é a energia nuclear. Com alguns acidentes já ocorridos no mundo, como exemplo, na usina de Fukushima (Japão), muitos países estão revendo os conceitos deste tipo de energia. Pesquise como estas usinas funcionam, desde os processos radioativos até a geração de eletricidade, e quais as vantagens, desvantagens e perigos destas usinas.

VI- Além dos combustíveis fósseis (a partir do petróleo), da energia hidroelétrica, e das usinas nucleares existem outras fontes alternativas de geração de eletricidade? Explique brevemente como funcionam e sua eficiência. Dica: falar de energia eólica, solar, termoelétricas, biodiesel.

Um desses temas deve ser sorteado por equipe, que deverá pesquisar a respeito para a apresentação na aula seguinte. As devidas orientações aos alunos foram feitas, sendo que as dúvidas durante o processo de confecção dos trabalhos deveriam ir sendo sanadas no decorrer das aulas, até o término do conteúdo de soluções.

A seguir, são apresentados os planos de aula para cada semana, durante o período de desenvolvimento do estágio, a partir da etapa em que o tema Termoquímica começará a ser trabalhado.

Aulas 1 e 2: apresentação dos seis temas de pesquisa e introdução à Termoquímica

Recursos utilizados: Exposição oral do conteúdo, quadro negro, giz, livro didático. Para apresentação dos trabalhos, os alunos poderão utilizar-se dos recursos desejados e disponíveis (quadro negro, cartolinas, textos, reportagens etc.).

A aula será iniciada com uma breve introdução da importância e usos da energia para a sociedade. Em seguida, serão iniciadas as apresentações dos trabalhos. Ao final de cada apresentação, algumas perguntas serão feitas juntamente com uma discussão de alguns instantes. A intensão é que todas as apresentações e discussões sejam feitas nestas duas aulas.

Optou-se por iniciar o conteúdo com esta apresentação para que os alunos possam se apropriar de conceitos básicos necessários à uma boa problematização, que se deseja realizar na 3ª e 4ª aula, com um vídeo. A pesquisa anterior às aulas permitirá certa familiaridade do estudante com as consequências e formas de usos da energia.

Ao final das apresentações e discussões, será feita uma introdução conceitual abrangendo os objetos de estudo da termoquímica, definição de sistema, fronteira e vizinhança (ou meio-ambiente), além dos conceitos de energia, calor e trocas de calor em transformações químicas.

Aula 3 e 4: questionário e contextualização sobre formas de energia

Recursos utilizados: televisão (vídeo de 25 min), discussão do tema com a classe, questionário impresso, exposição oral, quadro negro, giz e livro didático.

Um vídeo de 26 minutos tratando sobre a importância da energia na sociedade será exibido aos estudantes. Trata-se do segundo episódio de um programa do Canal Futura em parceria com a CPFL Energia, disponível no site *youtube.com* e intitulado *Caminhos da Energia*, com o apresentador *Amyr Klink*, cujo endereço eletrônico é:

https://www.youtube.com/watch?v=MjdN4hdScvc&list=PLmYwjtDe-gQa5qJKwUbM1IC5-Vhm07PDh&index=9.

Neste episódio, são analisadas as diversas fontes de energia e sua importância ao longo dos séculos em uma viagem que chega ao estágio atual da produção e consumo de energia. Os alunos poderão conhecer também experiências de pessoas que vivem na cidade e ainda hoje utilizam fontes primitivas de energia, como um fogão à lenha, um moinho ou carroças movidas à tração animal. No vídeo, encontram-se relatos de produtores rurais, donas de casa, historiadores, economistas, pesquisadores e o presidente do Instituto Acende Brasil.

Após o vídeo, será feito um apanhado geral do que se assistiu e levantada uma discussão na sala ressaltando trechos interessantes, bem como a opinião ou comentários dos alunos a respeito. A discussão deverá ser conduzida de maneira a permear a *conversão dos diferentes tipos de energia*, tal como calor em trabalho e a invenção da máquina a vapor, bem como da geração de energia elétrica através da força eletromotriz impulsionada pela força da água numa usina hidroelétrica.

Em seguida, um questionário que foi entregue antes da exibição do vídeo, será solicitado que seja respondido pelos alunos. As questões são as seguintes:

1) Qual a necessidade da energia elétrica para o homem primitivo e quais eram as formas de energia existentes?

2) De acordo com o relato das moradoras da Comunidade da Fazendinha (RJ), como é a vida de pessoas que não tem acesso à energia elétrica?

3) Por que a chegada da energia elétrica após a revolução industrial proporcionou um maior desenvolvimento ao Brasil?

4) Qual as principais vantagens da energia hidroelétrica quando comparada com a energia gerada de combustíveis fósseis (petróleo)?

5) Por que os combustíveis fósseis, apesar de eficientes, não são uma boa fonte de energia?

6) Comente a frase no final do vídeo: "O grande desafio é a mudança do homem e não da tecnologia".

Após esta atividade, uma discussão será feita para contextualizar os usos e a importância das mais variadas formas de energia para a sociedade. O importante é pensar nas transformações energéticas que ocorrem, nas questões ambientais, no desenvolvimento de tecnologias, questões econômicas envolvidas dentre várias outras questões que a discussão levar.

Na sequência, o conteúdo teórico será iniciado. Este terá continuação e fechamento das ideias inerentes apenas na aula seguinte. Contudo, tendo em vista a grande quantidade de tópicos a serem abordados e o tempo escasso, o mesmo deverá se iniciar ainda nesta aula.

O início tratará da importância da energia para a humanidade. Primeiramente com o uso do fogo com a finalidade de aquecimento, iluminação, proteção contra animais e limpeza de áreas de plantio. Mas o fogo contribui para a poluição da atmosfera, pois libera gases poluentes, destrói a vegetação, mata animais, etc.

Retomar as formas de transformação de energia tratadas na aula anterior para destacar, agora, a energia vinda de combustíveis fósseis. Tratar a respeito das reações de combustão, que permitem a movimentação dos automóveis devido à grande liberação de energia na como calor na quebra das ligações para formar CO_2 e água. No caso de ocorrer combustão incompleta, também CO e $C_{(s)}$ (fuligem). Assim, mostra-se porque a queima do petróleo forma gases do efeito estufa e que são danosos à saúde (combustão incompleta).

Combustão **completa** da gasolina:

$$C_8H_{18(l)} + 12O_{2(g)} \longrightarrow 8CO_{2(g)} + 9H_2O_{(l)} \qquad \Delta H < 0$$

Combustão **incompleta** da gasolina, com $O_{2(g)}$ insuficiente:

$$C_8H_{18(l)} + 8{,}5\ O_{2(g)} \longrightarrow 8CO_{(g)} + 9H_2O_{(l)} \qquad \Delta H < 0$$

Combustão com pouquíssimo $O_{2(g)}$:

$$C_8H_{18(l)} + 4{,}5\ O_{2(g)} \longrightarrow C_{(s)} + 9H_2O_{(l)} \qquad \Delta H < 0$$

Além disso, falar da energia nos seres vivos através da quebra do ATP. A quebra de ligações fosfato, gerando ADP, liberam muita energia, que é usada para fazer a maquinária celular funcionar e manter a vida.

$$ATP \longrightarrow ADP + PO_4^{3-} \qquad \Delta H < 0$$

Chamar a atenção dos estudantes que são todas reações exotérmicas, representadas pela variação de entalpia negativa. Ensinar o que significa essa entalpia, onde o processo começa com mais energia do que termina, por isso libera calor. Mencione como isso está ligado à temperatura quase constante de 36,5 °C de funcionamento do nosso organismo.

Algumas atividades mostrando reações endotérmicas e exotérmicas podem ser solicitadas aos alunos para fixação dos conceitos iniciais.

Aula 5 e 6: Reações endotérmicas e exotérmicas – teoria e experimentos

Recursos utilizados: Problematização por discussão do tema com a classe, analogias com processos cotidianos, exposição oral, demonstração prática no laboratório, resolução de exercícios, quadro negro, giz e livro didático.

Desenvolvimento teórico

Parte da introdução desta aula já foi feita na aula anterior. O que diz respeito à energia nas transformações químicas será pautado no texto a seguir, retirado de Mota, Rosenbach e Pinto (2010), cujo recorte com adaptações segue destacado abaixo.

Há uma lei fundamental do Universo, a lei da conservação de energia, que diz que a energia não pode ser criada nem destruída, apenas transformada. Isto quer dizer que, quando nos divertimos andando de montanha russa, transformamos a energia potencial adquirida pelo carrinho ao ser colocado no ponto mais alto do brinquedo, em energia cinética. Essa, por sua vez, é responsável pelo ganho de velocidade que descarrega tanta adrenalina e emoção ao longo das curvas e descidas da montanha russa.

Quando utilizamos um aparelho elétrico, como a torradeira, a televisão, ou mesmo o computador, estamos transformando a energia potencial acumulada na queda d'água de uma usina hidrelétrica em energia elétrica, que é transportada até nós através de fios e condutores. Do mesmo modo, quando utilizamos a torradeira para fazer uma torrada, estamos transformando a energia elétrica da tomada em calor, que esquenta o pão até o ponto desejado para obter uma torrada crocante. Esses exemplos mostram como diferentes tipos de energia, potencial, cinética, elétrica, calorífica, dentre outras, podem ser transformadas.

Do mesmo modo, quando utilizamos um aparelho celular, estamos transformando a energia química contida na bateria em energia elétrica, que faz funcionar os circuitos e os demais componentes eletrônicos do sistema. Um veículo movido à gasolina, álcool ou diesel transforma a energia química, contida nas moléculas desses combustíveis, em calor e energia mecânica, responsáveis pela movimentação do automóvel. Portanto, a geração de energia a partir de compostos químicos é de extrema importância para a sociedade moderna. Sem os combustíveis não poderíamos nos locomover com eficiência e rapidez; sem as pilhas e baterias, muitas facilidades e conforto da vida moderna não estariam disponíveis.

Mas como e por que a energia química é convertida em outras formas de energia? Compostos químicos são formados por átomos que se ligam uns aos outros. É o que chamamos de ligação química. De modo bem simples, podemos entender uma reação química como a quebra das ligações entre os átomos dos reagentes e a formação de novas ligações químicas nos átomos que compõem os produtos. Por exemplo, o gás natural utilizado nas indústrias, residências e automóveis é composto basicamente de metano, uma molécula formada por um átomo de carbono e quatro átomos de hidrogênio.

No metano, o átomo de carbono realiza quatro ligações, uma com cada átomo de hidrogênio. Ao queimá-lo, ocorre uma reação chamada de combustão. Ou seja, o metano reage com a molécula de oxigênio (O_2) do ar para produzir dióxido de carbono ou gás carbônico (CO_2) e vapor d'água

$$CH_{4(g)} + 2\ O_{2(g)} \longrightarrow CO_{2(g)} + 2\ H_2O_{(l)} + \text{CALOR}$$

Do ponto de vista químico, a combustão do metano envolve a quebra de várias ligações, como as que ocorrem entre carbono e hidrogênio e entre os átomos de oxigênio. Formam-se, em seguida, ligações entre o carbono e o oxigênio na molécula de CO_2, e ligações entre hidrogênio e oxigênio, gerando a água.

Acontece que a energia contida numa ligação química depende, sobretudo, do tipo de átomos envolvidos. Ou seja, as ligações químicas entre os átomos possuem energias diferentes e, dessa forma, reagentes e produtos vão estar em patamares de energia distintos, sendo a diferença nesse caso transformada em calor, que usamos para cozinhar, aquecer um ambiente ou mesmo movimentar o automóvel, quando queimamos o gás natural.

Sabemos que a energia não pode ser criada ou destruída, apenas transformada. Façamos um paralelo entre uma viagem de automóvel numa estrada montanhosa com o caminho de uma reação química, dos reagentes até os produtos.

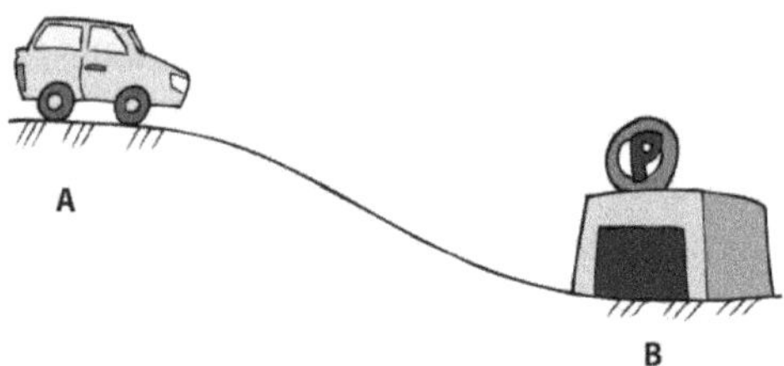

Figura 1- Representação de uma reação exotérmica (energia potencial transformada em energia cinética ou liberação de calor).

A Figura 1 mostra que o carro parte de um ponto mais alto da estrada (A) e chega até um ponto de menor altitude (B). Em tese, se estivéssemos em uma estrada reta, sem curvas, poderíamos deixar o carro descer livremente, pois a energia potencial acumulada seria transformada em energia cinética, fazendo o carro chegar ao seu destino. Da mesma forma, numa reação química, onde a energia dos reagentes é maior (ponto A) que a energia dos produtos (ponto B), a diferença pode aparecer na forma de calor. É o que chamamos de *reação exotérmica*.

Neste momento, pode-se introduzir o conceito de *entalpia* e *variação de entalpia* (ΔH) e ensinar como representar graficamente as reações exotérmicas *por analogia* à Figura 1.

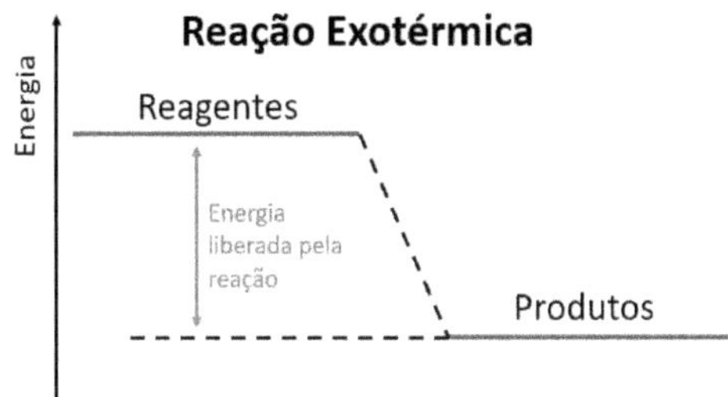

Figura 2- Representação gráfica de uma reação exotérmica.

Ao contrário, se tivéssemos uma situação como a mostrada na Figura 3, onde o ponto de partida (C) está mais baixo que o ponto de chegada (D) do carro, precisaríamos acelerar bastante o veículo para transformar energia cinética, que dá velocidade ao carro, em energia potencial, de forma a vencer a diferença em altitude. O mesmo se aplicaria a uma reação química. Se os reagentes possuem energia menor (C) que os produtos (D), precisaríamos fornecer calor para vencer essa diferença. É o que chamamos de reação endotérmica, representada mais apropriadamente na Figura 4.

É importante entender que a energia química a que estamos nos referindo nesses exemplos está associada, fundamentalmente, à energia das ligações químicas que estão sendo quebradas e formadas. O estudo do fluxo de calor que podemos ter numa reação química é chamado de termodinâmica e é importante para entender porque elas ocorrem.

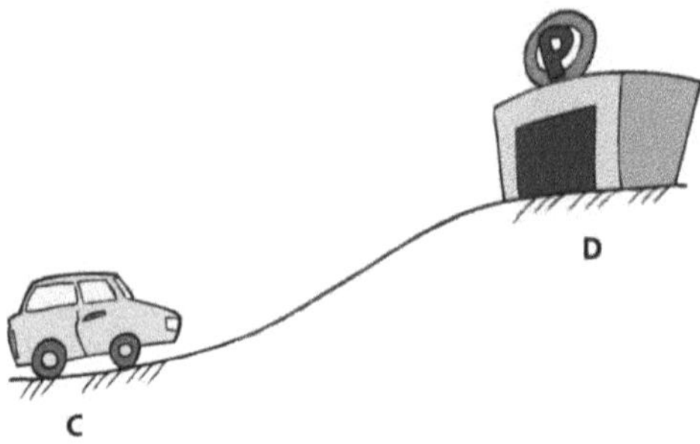

Figura 3- Representação de uma reação endotérmica (energia cinética transformada em energia potencial, ou fornecimento de calor).

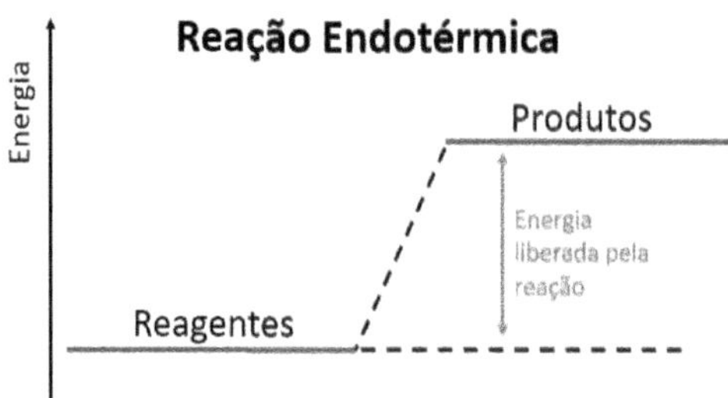

Figura 4- Representação gráfica de uma reação endotérmica.

O fato de saber que uma reação é exotérmica (libera calor) não nos diz nada sobre a facilidade ou rapidez com que ela ocorre. Por exemplo, a gasolina só queima no interior do motor porque existe um dispositivo eletrônico chamado *vela*, que solta uma fagulha elétrica no interior do cilindro fazendo com que a combustão aconteça. A gasolina não queima em contato direto com o ar na temperatura ambiente ou na ausência de uma fagulha ou faísca elétrica. Isto porque o caminho de uma reação entre reagentes e produtos pode ser muito mais complexo.

A Figura 5 mostra uma situação em que o carro precisa ir de um ponto mais alto (E) até um ponto mais baixo (G). Se tomarmos somente os pontos de partida e chegada poderíamos imaginar que a perda de energia potencial seria compensada pelo ganho em energia cinética e não seria necessário nenhum gasto de energia adicional. Entretanto, entre a partida e a chegada há o ponto (F), que se situa numa altura maior que a do ponto de partida (E). Consequentemente, não seria possível ultrapassar esse ponto a partir do ponto (E) sem que alguma energia adicional fosse transferida para o veículo. Ou seja, para que possamos chegar de (E) até (G), temos que vencer a barreira imposta pelo ponto (F) gastando alguma energia.

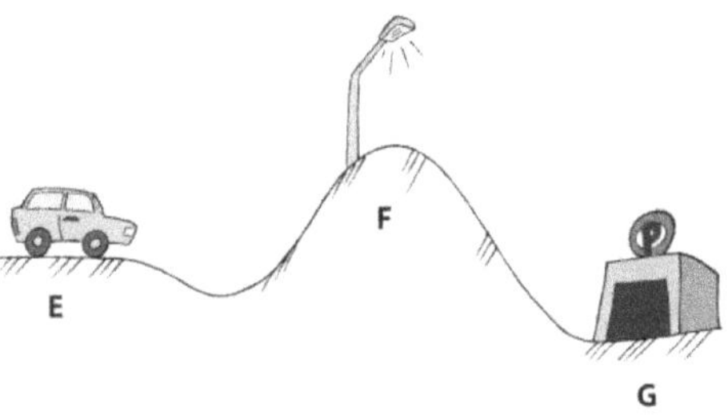

Figura 5- Representação da energia de ativação (F) necessária para que uma reação química ocorra.

Se fizermos o mesmo paralelo para uma reação química vemos que, apesar da energia dos reagentes (E) ser maior que a dos produtos (G), a reação só ocorrerá se conseguirmos ultrapassar o ponto (F), cuja energia é maior que a dos reagentes e produtos. Em termos químicos, a barreira de energia que precisa ser vencida pelos reagentes no caminho até os produtos se chama **energia de ativação**, ou seja, a energia necessária para formação do **complexo ativado** (Figura 6), e está relacionada com a facilidade ou a velocidade que uma reação ocorre. Em outras palavras, a quebra de ligações químicas dos reagentes requer, muitas vezes, a introdução de uma quantidade extra de energia, como uma faísca elétrica no caso da queima da gasolina, de forma a *iniciar a quebra das ligações químicas entre os* *átomos, levando aos produtos*. Vale ressaltar que essa energia adicional é devolvida ao sistema, e o calor final liberado é função apenas das energias de reagentes e produtos.

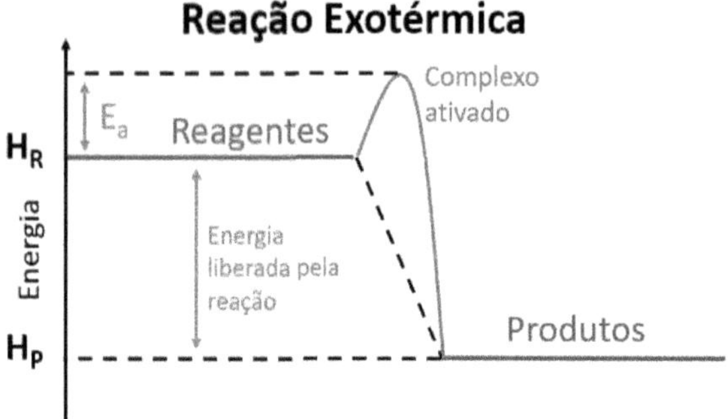

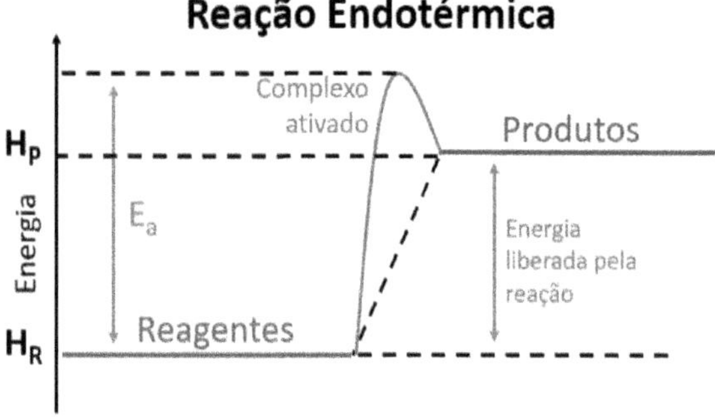

Figura 6- Representação gráfica de uma reação exotérmica ou endotérmica que precisa atingir a energia de ativação para a formação do complexo ativado e, consequentemente, os produtos.

Além do texto acima, os conteúdos teóricos serão ensinados a partir do referencial contido em diversos livros de Química Geral e Físico-Química, de nível médio e superior, a exemplo dos consagrados na literatura:

Usberco e Salvador (2002), Fonseca (2016), Canto (2016), Brown (2005), Atkins (2008), Ball (2014).

Experimentos endotérmicos e exotérmicos

Os experimentos que serão apresentados tratam a respeito de reações endotérmicas e exotérmicas (LENZI et al. 2012; RANGEL, 2006). Assim, será verificado qual é a natureza energética da reação envolvida no experimento com auxílio de um termômetro para verificação da temperatura inicial e final. Em seguida, será solicitado aos alunos que construam os diagramas de energia para as reações. Antes, um diagrama de exemplo de cada tipo de reação será demonstrado.

Ao final de todos os experimentos, com os respectivos diagramas construídos, será solicitado um exercício adicional aos estudantes para ser feito em casa, sendo ele:

Exercício 1: Classifique as equações termoquímicas em exotérmica ou endotérmica e monte seu respectivo gráfico:

a) $C_{(s)} + H_2O_{(l)} \longrightarrow CO_{(g)} + H_{2(g)}$ $\Delta H = 31{,}4$ kcal

b) $CO_{(g)} + \frac{1}{2} O_{2(g)} \longrightarrow CO_{2(g)}$ $\Delta H = -67{,}6$ kcal

c) $H_{2(g)} + \frac{1}{2} O_{2(g)} \longrightarrow H_2O$ ΔH = -57,8 kcal

d) $CaCO_{3(s)} \longrightarrow CaO_{(s)} + CO_{2(g)}$ ΔH = +177,8 kJ

Reação Endotérmica:

- **Nitrato de Amônio e Hidróxido de Bário:** colocar num erlenmeyer 32 g de hidróxido de bário octaidratado [$Ba(OH)_2.8H_2O$] e 11 g de cloreto de amônio ou 17 g de nitrato de amônio e misturar bem. Espalhar uma fina camada de água sobre um papelão ou madeira fina e colocar o erlenmeyer em cima. A reação (sistema) irá retirar calor da vizinhança (água) por ser endotérmica, fazendo a água congelar após algum tempo e grudar o papelão no erlenmeyer.

A reação entre o sal de amônio e bário (endotérmica) é dada pela equação:

$$Ba(OH)_2.8H_2O + 2NH_4NO_3 \longrightarrow Ba(NO_3)_2 + 2NH_3 + 10H_2O$$

$$(\Delta H > 0)$$

Reação Exotérmica:

- **Hidróxido de Sódio e Ácido Clorídrico:** Preparar soluções de aproximadamente 3,0 mol/L e misturá-las. A reação ácido-base abaixo ocorre com grande liberação de calor, facilmente detectável com a medida da temperatura com um termômetro antes e depois da reação ou mesmo com a sensação ao aproximar as mãos.

$$NaOH + HCl \longrightarrow NaCl + H_2O \qquad \Delta H < 0$$

- **Chama química:** Demonstrar o processo fortemente exotérmico na reação entre $KMnO_4$ e Ácido Sulfúrico concentrado, cuja energia liberada incendeia um chumaço de algodão embebido em etanol.

  Em um vidro de relógio, será colocado um pouco de $KMnO_4$ sólido e gotejado um pouco de ácido sulfúrico concentrado sobre o sólido. Ao iniciar a reação (com liberação de gás), aproxima-se o algodão com álcool e o mesmo se incendeia. A reação ocorre da seguinte forma.

$$KMnO_4 + 3H_2SO_4 \longrightarrow K^+ + 3HSO_4^- + H_3O^+ + MnO_3^+$$

$$MnO_4^- + MnO_3^+ \longrightarrow Mn_2O_7 \text{ (explosivo)}$$

$$Mn_2O_7 \longrightarrow MnO_2 + 5O_2 + \text{calor}$$

$$C_2H_5OH + 3O_2 \longrightarrow 2CO_2 + 3H_2O + \text{calor}$$

- **Combustão espontânea:** Misturar em um copo plástico (sobre uma tela de amianto) partes iguais de clorato de potássio e açúcar. Em seguida, adicionar algumas gotas de ácido sulfúrico concentrado, afastando-se por medidas de segurança. Todos os alunos devem estar distantes.

Primeiramente, ocorre desidratação do açúcar pelo $H_2SO_{4(conc)}$. Depois, a decomposição do $KClO_3$ pelo ácido e os óxidos formados da desidratação do açúcar libera calor. O calor decompõe o ClO_2, formando gás oxigênio, que se incendeia facilmente e provoca a combustão instantânea de toda a matéria orgânica do sistema (açúcar, copo plástico). As reações são representadas abaixo:

$$C_nH_{2n}O_n \xrightarrow{H_2SO_4} nC + nH_2O$$

$$C + 2H_2SO_4 \longrightarrow 2SO_{2(g)} + CO_{2(g)} + 2H_2O_{(l)}$$

$$2KClO_3 + SO_2 + H_2SO_4 \longrightarrow 2ClO_2 + 2\,KHSO_4 \quad (\Delta H < 0)$$

$$ClO_2 \xrightarrow{\Delta} \tfrac{1}{2}\,Cl_2 + O_2$$

Reação Exotérmica catalisada:

- **Decomposição da água oxigenada:** Usando um quarto de copo americano com Peróxido de Hidrogênio (H_2O_2) de ~ 60 volumes misturado com algumas gotas de detergente, adicionar uma espátula de Iodeto de

Potássio (KI). O KI age como catalisador da reação de decomposição do H_2O_2 em água e oxigênio, de acordo com a reação abaixo, formando uma grande quantidade de espuma branca.

$$2H_2O_{2(l)} + KI \longrightarrow 2H_2O_{(l)} + O_{2(g)} + KI$$

Além do KI, alimentos ricos em catalase (enzima biológica que atua na quebra de peróxidos), tal como um pedaço de batata ou fígado, também aceleram a reação, liberando grande quantidade de O2 e formando muita espuma. Neste contexto, pode-se explicar um pouco sobre a importância das enzimas para os organismos vivos para controlar os processos cinéticos, sendo isso um adendo para o conteúdo que será estudado futuramente na disciplina.

Aulas 7 e 8: exercícios e conteúdo teórico

Recursos utilizados: Discussão do tema com a classe, analogias com processos cotidianos, exposição oral, resolução de exercícios, quadro negro, giz e livro didático.

Nestas aulas, a teoria ainda não estudada será apresentada de maneira mais conceitual, utilizando o quadro negro para explicação e resolução de exercícios. A abordagem será baseada principalmente nos aspectos químicos, apesar de se estender pelas propriedades energéticas de todas as substâncias da natureza. Os conteúdos teóricos e exercícios estão pautados em FONSECA (1993), SANTOS e MÓL (2010) e CARVALHO e SOUZA (2003).

Entalpia de formação e entalpia de ligação

Explicar a razão e as dificuldades de se determinar valores de entalpia de formação dos compostos químicos e a necessidade de se estabelecer a *entalpia padrão de formação* (ΔH^{o}_{f}), a partir das substâncias simples, definida para 1 mol de matéria. Também, ressaltar que entalpia padrão de substâncias simples é definida como zero a 1 atm e 298 K.

A entalpia de ligação pode ser rapidamente trabalhada ao justificar os valores de entalpia de formação. Isso porque a entalpia de formação depende das ligações químicas que determinado composto possui.

São elas que determinam a transformação daquele composto, pois as ligações químicas precisam ser rompidas ou formadas para ocorrência de reação/transformação. Assim, cita-se que é necessário haver absorção de energia para ocorrer rompimento das ligações (processo endotérmico), bem como a formação de novas ligações libera energia (processo exotérmico). Além disso, a quantidade de energia para formação ou quebra de ligações dependerá de quais elementos está unindo e do tipo de ligação formada (simples, dupla ou tripla).

Um exercício será resolvido após esta explicação, sendo o seguinte:

Utilizando a tabela a seguir, resolva os exercícios:

Alimento	Energia (kJ/mol)
Manteiga	30,41
Arroz	15,36
Repolho	0,92
Bife grelhado	14,0
Batata frita	24,0
Maçã	1,96

1) Durante o almoço uma pessoa come 50 g de repolho, 150 g de arroz, 30 g de bife grelhado, 60g de batata-frita

e uma maça (100g). Determine o conteúdo energético fornecido por esta refeição, em kJ.

2) Determine quantas horas esta pessoa teria que correr para consumir a quantidade de energia fornecida pelo almoço.

3) Suponha que o médico lhe prescreva uma dieta alimentar de 3000 kJ e que, em uma refeição, você comeu 100 g de arroz, 50 g de batata frita, 150 g de bife grelhado. Demonstre através de cálculos se você seguiu ou não a recomendação do médico.

4) Em relação ao item anterior, qual atividade física você escolheria para que tempo de uma hora fosse consumido o excesso de calorias ingeridas.

Lei de Hess e Cálculo de ΔH

Iniciar com uma breve abordagem teórica e resolução de exercícios. Na teoria deve constar que a variação de entalpia de uma reação depende das entalpias de formação dos produtos subtraída das entalpias de formação dos reagentes. Ou seja,

$$\Delta H_{reação} = \sum H_{prod} - \sum H_{reag.}$$

Exercício 1: A combustão completa de 1 mol de gás acetileno (C_2H_2), produz 2 mols de $CO_{2(g)}$ e 1 mol de $H_2O_{(l)}$. A tabela abaixo fornece as entalpias dessas substâncias.

SUBSTÂNCIA	ENTALPIA (kJ/mol)
$C_2H_{2(g)}$	+227
$CO_{2(g)}$	-394
$H_2O_{(l)}$	-286

Nessas condições, escreva a reação e calcule a variação de entalpia de combustão do $C_2H_{2(g)}$.

$C_2H_{2(g)}$ + $5/2O_{2(g)}$ → $2CO_{2(g)}$ + $H_2O_{(l)}$

+127 + 0 2x(-394) + (-286)

$\sum H_{reag}$ = +227 kJ/mol $\sum H_{prod}$= 1074 kJ/mol

$\Delta H_{reação} = \sum H_{prod} - \sum H_{reag}$

$\Delta H_{reação} = -1074 - (+227)$

$\Delta H_{reação} = -1301$ kJ/mol

Exercício 2: A fotossíntese é a principal fonte de energia alimentar das plantas. A equação química da síntese é dada por: $6CO_{2(g)} + 6H_2O_{(l)} \rightarrow C_6H_{12}O_{6(s)} + 6O_{2(g)}$.

Considerando a tabela de entalpias abaixo, determine a variação de entalpia de reação ($\Delta H_{reação}$) na produção de 1 mol de glicose.

SUBSTÂNCIA	ENTALPIA (kJ/mol)
$C_6H_{12}O_{6(s)}$	-1275
$CO_{2(g)}$	-394
$H_2O_{(l)}$	-286

Resolução: As semi-reações de cada substância envolvida numa reação desejada podem ser usadas para o cálculo do $\Delta H_{reação}$. Isso é melhor visualizado na prática:

Para calcular o ΔH da reação $CH_{4(g)} + \frac{1}{2}O_{2(g)} \rightarrow CH_3OH_{(l)}$ pode-se considerar as seguintes semi-reações:

1. $CH_{4(g)} + H_2O_{(l)} \rightarrow CO_{(g)} + 3H_{2(g)}$ $\Delta H^o_f = 206{,}1$ kJ/mol
2. $2H_{2(g)} + CO_{(g)} \rightarrow CH_3OH_{(l)}$ $\Delta H^o_f = -128{,}3$ kJ/mol
3. $2H_{2(g)} + O_{2(g)} \rightarrow 2H_2O_{(l)}$ $\Delta H^o_f = -428{,}6$ kJ/mol

A soma destas semi-reações deve resultar na reação global desejada:

$CH_{4(g)} + H_2O_{(l)} \rightarrow \cancel{CO}_{(g)} + \cancel{3H_2}_{(g)}$ $\Delta H^o_f = 206{,}1$ kJ/mol

$\cancel{2H_2}_{(g)} + \cancel{CO}_{(g)} \rightarrow CH_3OH_{(l)}$ $\Delta H^o_f = -128{,}3$ kJ/mol

$2H_{2(g)} + O_{2(g)} \rightarrow \cancel{2H_2O}_{(l)}$ $\Delta H^o_f = -428{,}6$ kJ/mol

$CH_{4(g)} + \frac{1}{2}O_{2(g)} \rightarrow CH_3OH_{(l)}$ $\Delta H^o_f = -136{,}5$ kJ/mol

Exercício 3. Aplicando a lei de Hess calcule a variação de entalpia da reação:

$$6CO_{2(g)} + 6H_2O_{(l)} \rightarrow C_6H_{12}O_{6(s)} + 6O_{2(g)}$$

1. $6C_{(grafite)} + 6H_{2(l)} + 3O_{2(g)} \rightarrow C_6H_{12}O_{6(s)}$ $\Delta H^o_f = -127$ kJ/mol
2. $C_{(grafite)} + O_{2(g)} \rightarrow CO_{2(g)}$ $\Delta H^o_f = -394$ kJ/mol
3. $H_{2(g)} + 1/2O_{2(g)} \rightarrow H_2O_{(l)}$ $\Delta H^o_f = -286$ kJ/mol

Aula 9 e 10: finalização do conteúdo teórico e vídeo

Recursos utilizados: Problematização por discussão do tema com a classe, analogias com processos cotidianos, demonstração prática usando um recipiente com água quente e outro com água fria, exposição oral, quadro negro e giz.

Espontaneidade das reações: Entropia

Este tópico será baseado principalmente em SANTOS e MÓL (2010) e tratará principalmente do sentido de transferência de calor: do mais quente para o mais frio (segunda lei da Termodinâmica). Para isso, serão utilizados exemplos corriqueiros que tratam de processos espontâneos, cujo sentido inverso não ocorre espontaneamente: queda e quebra de um copo de vidro, queda d'água em uma hidrelétrica, chuva etc. Será ressaltado que, apesar da primeira lei da Termodinâmica (a energia do Universo é constante) permitir que o sentido inverso destes processos exemplificados ocorra por não alterar a energia do sistema, já que sempre será constante, a segunda lei não permite, pois há um sentido preferencial que sempre tende à maior desordem do sistema (entropia). A entropia também faz parte da segunda lei da termodinâmica.

Para ilustrar este processo, pode-se demonstrar experimentalmente que a mistura de dois volumes iguais de água, um aquecido e outro resfriado (a 80 e 10 ºC, por exemplo), levará a mistura ao equilíbrio térmico em uma temperatura intermediária logo após a junção dos líquidos. Isso se deve à troca de calor do corpo mais quente para o mais frio.

Contudo, se a mistura for novamente separada em dois recipientes, a temperatura não voltará a ser 10 e 80 ºC. Isso não seria impossível de acordo com a primeira lei, mas a segunda lei da termodinâmica impede este processo, já que não é entropicamente favorável e não há diferenças de temperatura para haver transferência de calor entre os recipientes.

Vídeo: O Calor e a geração de energia

Para finalizar todo o conteúdo de Termoquímica, um segundo vídeo do programa Caminhos da Energia, transmitido pelo canal Futura, será assistido pelos alunos. Trata-se do Episódio 07 do programa, intitulado "O Calor" e disponível em:

https://www.youtube.com/watch?v=SIQZFFDaIH4&list=PLmYwjtDe-gQa5qJKwUbM1lC5-Vhm07PDh&index=3.

Nesse episódio será tratado sobre as usinas termoelétricas que, movidas a óleo, gás, biomassa e reações nucleares, são uma importante fonte da matriz energética mundial. O programa fala também da bionergia, uma das apostas mundiais para a sustentabilidade e investiga projetos que investem nesse potencial. Serão discutidos ainda assuntos polêmicos, como o tratamento dos rejeitos nucleares, os sistemas de segurança e os danos ao meio ambiente.

Participam deste episódio: Isaias Macedo (pesquisador do Núcleo Interdisciplinar de Planejamento Energético - NIPE), Aquilino Senra (vice-diretor da Coppe

UFRJ), Odair Gonçalves (presidente da Comissão Nacional de Energia Nuclear - CNEN); Carlos Rittl (coordenador do Programa Mudanças Climáticas e Energia do WWF Brasil), Luiz Roberto Cordilha Porto (diretor de Operação e Comercialização da Eletronuclear), Paulo Cezar Coelho Tavares (vice-presidente de Gestão de Energia - CPFL), Marcos Jank (presidente da União da Cana de Açúcar - Única), Marcos Balzon (coordenador de Elétrica e Instrumentação da Usina Baldin), Giovano Candiani (analista ambiental da Essencis) e Leonardo Vieira (pesquisador do Centro de Pesquisas de Energia Elétrica - CEPEL).

Para fechamento das atividades e como forma de avaliação alternativa, será solicitado aos alunos que seja redigida uma redação dissertativa a respeito do tema energia, discorrendo sobre seus usos e os problemas associados à geração de eletricidade.

Aula 11 e 12: Avaliação Final

A avaliação final fará parte da 11ª e 12ª aula do cronograma de execução. Pretende-se avaliar a capacidade do aluno articular com os conceitos energéticos e sua importância para as pessoas, além do conteúdo básico para entendimento da termoquímica. As questões propostas são:

1) Escolha **uma** das formas de produção de energia estudadas em nossas aulas (hidroelétricas, termoelétricas, usinas nucleares, energia eólica, solar, carvão, combustíveis fósseis, biocombustíveis, etc.) e discorra um parágrafo tratando sobre aspectos básicos do seu funcionamento, sua importância, seus aspectos ambientais e a eficiência do processo de geração. Quais são as vantagens e desvantagens da fonte de energia escolhida?

2) Defina reações endotérmicas e exotérmicas? Se uma reação ocorrer dentro de um copo, como reconhecemos se ela é endotérmica ou exotérmica?

3) Classifique a reação em **endotérmica** ou **exotérmica** e monte o diagrama de energia *vs* sentido da reação.

$$H_2O \rightarrow H_2 + \tfrac{1}{2}\,O_2 \qquad \Delta H = +\ 285\ kJ$$

4) Dada a equação: $\mathbf{H_3COH + 3/2\ O_2 \rightarrow CO_2 + 2\ H_2O}$. Calcule o ΔH da reação usando a lei de Hess, sabendo que:

CO_2 = -394 kJ/mol H_2O = -241 kJ/mol

H_3COH = -238 kJ/mol

Espera-se, com o conjunto de aulas acima, alcançar os objetivos propostos, fazendo os estudantes se conscientizarem sobre os processos energéticos para a sociedade e para a manutenção da vida. Mais importante ainda é que seja despertada a consciência de poupar energia e buscar sempre opções mais eficientes, limpas e sustentáveis. Isso é uma questão central na discussão já que se trata de uma geração de pessoas que representarão nossa sociedade, daqui há poucos anos, em questões políticas, sociais, ambientais, sanitárias, tecnológicas, etc.

Assim, a formação destas pessoas visa não apenas a construção de uma boa prática docente ou sucesso acadêmico dos alunos, mas o fruto de um trabalho que será refletido no cotidiano das pessoas e no planeta. Para isso, necessita-se de cidadãos, de pessoas com bom senso, éticas e conhecedoras das mazelas do meio em que vivem, para que possam colaborar para sua melhoria.

Capítulo 3

As condições escolares para a efetivação do estágio docência

A Escola

O Colégio Estadual escolhido para realização do estágio, cuja identificação completa será omitida neste texto, localizado na cidade de Maringá (PR), possui

Ensino Fundamental, Médio e Profissionalizante. A escola faz parte do Núcleo Regional de Educação de Maringá.

A escola funciona nos períodos matutino, vespertino e noturno. De acordo com o Projeto Político Pedagógico (PPP), consultado à época, são ofertados o Ensino Fundamental de 1ª a 9º série, o Ensino Médio (1ª a 3ª série) e o curso técnico de Enfermagem como ensino profissionalizante. Possui ainda, como órgãos complementares, a Associação de Pais, Mestres e Funcionários, o Grêmio Estudantil e o Conselho Escolar.

A estrutura conta com 12 salas de aula, sala de direção, sala de equipe pedagógica, sala de professores, biblioteca, secretaria, laboratório de informática, sala de vídeo, laboratório de enfermagem e um único laboratório de Ciências, Química, Física e Biologia, refeitório, cozinha, cantina, pátio coberto, quadra coberta, banheiros masculinos e femininos para professores e alunos (separados). Toda a estrutura encontra-se adequada para o uso, equipada e em funcionamento. Apesar das grandes escadarias para acesso ao pátio, por localizar-se em um terreno íngreme, possui rampas para acesso de pessoas com mobilidade limitada, exceto nas escadarias internas do prédio (três andares).

Em específico, a sala de informática possui cerca de 20 computadores em pleno funcionamento, com acesso à internet e impressora, onde trabalhos e provas podem ser impressos. Conta também com o auxílio de um técnico em informática. O laboratório de Ciências possui quatro mesas grandes, quadro de giz, uma quantidade razoável de vidrarias e reagentes, que permite a realização de diversas aulas práticas, mas não em sua plenitude. Um inconveniente é a falta de uma pia, sendo necessário levar o material sujo para ser lavado em uma torneira no corredor. A biblioteca possui um bom acervo bibliográfico à disposição, com cinco mesas grandes, uma copiadora da marca Xérox e um funcionário para atendimento. As salas de aula são de tamanho adequado, aparentemente possui carteiras e cadeiras suficientes, uma televisão, dois ventiladores de parede, iluminação e ventilação adequadas. No entanto, na maioria das delas, o quadro negro de giz deixa a desejar, sendo ruim para escrever, muito áspero e com rachaduras.

O PPP aponta que a escola atende um público diversificado, vido de diversos bairros com realidades diferentes. O crescimento vertical do bairro em que a escola se localiza causou mudanças significativas na comunidade, deslocando muitas famílias carentes para a periferia, dando lugar a condomínios residenciais e prédios. Destaca-se ainda que, de acordo com pesquisa realizada, grande parte dos moradores do entorno na escola são de famílias ligadas à atividade comercial, técnica ou educativa que residem próximo à Universidade Estadual de Maringá, com padrão econômico e cultural diferenciados. Alguns são profissionais liberais, comerciantes, empresários do comércio e indústria, outros são empregados assalariados da construção civil, dos serviços gerais e domésticos. Muitos ainda têm trabalhos temporários ou são desempregados.

Como destacado no PPP:

> São atendidos nesta Instituição cerca de 600 alunos (...) em regime escolar seriado com Projeto de Ciclo Básico implantado gradativamente, a partir de 1990. (...)
>
> Quanto à escolaridade, a maioria das famílias, cerca de 60%, possui apenas o ensino fundamental completo; cerca de 25% o Ensino Médio e apenas 15% possui o curso Superior completo. As famílias, em sua maioria, têm acesso aos seguintes meios de comunicação: rádio, televisão, vídeo, som, computador com internet, celular etc. No entanto, apenas 10% tem assinatura de jornal ou revista. A maioria participa da vida escolar dos filhos quando é solicitada para entrega de boletins, mas não para as reuniões em geral. Por fim, 55% das famílias

> afirmam que escolheram este Colégio pela proximidade da residência e 45% pela qualidade do trabalho realizado.
>
> Visando a participação efetiva da família na escola, busca-se promover eventos culturais, esportivos e recreativos para que por meio dessas atividades se proporcione um relacionamento integrador e amistoso com a comunidade escolar. (...) (pág. 11)

A Disciplina de Química no PPP

No que concerne à Química no PPP, discorre-se inicialmente a respeito das maneiras adequadas do ensino de química, de sua importância e algumas teorias educacionais. O objetivo geral do ensino de Química no colégio é *"possibilitar ao educando compreender a importância da Química e seus múltiplos benefícios para o desenvolvimento do mundo em que vivemos"*.

Os conteúdos do primeiro ano, no PPP analisado à época, incluiam: matéria e sua natureza; estrutura da matéria; substancia; misturas, métodos de separação; fenômenos físicos e químicos; biogeoquímica; soluções; termoquímica; química sintética; química do carbono; funções oxigenadas.

Para o segundo ano: matéria e sua natureza; estrutura atômica; distribuição eletrônica; tabela periódica; biogeoquímica; cinética química; química sintética; polímeros; funções nitrogenadas.

No terceiro ano: matéria e sua natureza; ligações químicas, funções químicas; radioatividade; biogeoquímica; equilíbrio químico; química sintética; funções orgânicas; isomeria; reações orgânicas.

Contudo, de acordo com a professora de química da escola, o PPP estava passando por atualizações naquele ano e a ordem destes conteúdos seria alterada, já que a sequência e distribuição dos conteúdos em cada série não são favoráveis ao trabalho pedagógico na disciplina e, na prática, não são seguidos daquela forma.

A metodologia descrita ressalta a importância do ensino de Química problematizado, partindo dos conhecimentos prévios dos alunos, para então formar os conhecimentos científicos através dos conhecimentos químicos estudados. Os critérios de avaliação devem ser formativos e processuais, levando em conta o conhecimento prévio e a superação de suas concepções espontâneas. Assim, ao invés de usar apenas as provas, o professor deve usar instrumentos que contemplem a expressão dos alunos, tais como: leitura, interpretação e produção de textos, utilização da tabela periódica, pesquisas bibliográficas, relatórios de aulas práticas em laboratório, apresentação de seminários, entre outros, sendo selecionados de acordo com cada conteúdo e objetivo de ensino. Além disso, avaliar a posição crítica do aluno nos debates, articulando o conhecimento químico com questões sociais, econômicas e políticas.

Estágio de Observação

O estágio de observação, assim como a regência, foi desenvolvido com duas turmas de Segunda Série do Ensino Médio Normal (2ºA e 2ºB), as quais possuem cerca de 25 alunos cada. Foi possível fazer apenas uma aula de observação no 2ºB. Por motivos diversos, tais como dias chuvosos (os alunos faltam), recessos e feriados, não foi possível continuar o acompanhamento desta turma no primeiro semestre. No do segundo semestre, iniciou-se a regência.

Ainda no final do primeiro semestre, concluiu-se o conteúdo de funções inorgânicas (sais, ácidos, bases e óxidos), sendo que a professora da turma solicitou um trabalho com oito questões para ser entregue pelos alunos na próxima aula. Em seguida, iniciou-se a teoria sobre massa atômica, mol e massa molar, definindo os termos e ensinando a calcular com exemplos e exercícios. Foi uma boa aula, apesar de tradicional, mas os alunos dispersavam muito a atenção e conversaram demais em certos momentos. No final da aula foi visto um vídeo sobre a chuva ácida para concluir e complementar a parte de funções inorgânicas. Os livros didáticos usados pela professora, à época, eram dos autores Feltre (2004) e Tito e Canto vol. 2. (PERUZZO e CANTO, 2004).

Na turma 2ºB o estágio de observação transcorreu normalmente durante quatro semanas, do dia 08/06 a 29/06, sob regência da professora turma. Na primeira aula que acompanhei, a professora entregou as notas das provas realizadas anteriormente e passou uma recuperação paralela para esta prova, cujo assunto era cálculo químico (massa, mol, massa molar, volume etc.). A recuperação consistiu em refazer a mesma prova juntamente com os alunos. Contudo, todos os exercícios foram resolvidos na lousa durante a explicação, sendo copiados pelos alunos e, em seguida, vistados pela professora.

Em seguida, continuou-se o conteúdo teórico iniciado anteriormente sobre soluções diluídas, concentradas, saturadas e supersaturadas. O conteúdo foi trabalhado de maneira bastante tradicional, passando o conteúdo na lousa e explicando-o em seguida. No final da aula foi solicitada a resolução de dois exercícios do livro didático que tratam sobre polaridade e solubilidade de substâncias. Notou-se que a indisciplina de alguns alunos impediu o bom andamento das aulas. Os mesmos eram muito ousados e não faziam questão de respeitar o que era solicitado pela professora. Sendo assim, uma alternativa adotada foi ditar o conteúdo. Para iniciar as atividades de intervenção do estágio, a professora solicitou que eu preparasse, para a semana seguinte, uma aula prática sobre diluição de soluções e miscibilidade de misturas.

A aula do dia 15/06 iniciou com a prática preparada por mim. Esta consistiu numa demonstração de misturas homogêneas (água e vinagre, água e etanol, diferentes sais em água – soluções) e misturas heterogêneas (água e óleo). Além disso, demonstrou-se que diferentes compostos possuem solubilidades distintas a uma mesma temperatura. Assim, constata-se que uma grande quantidade de NaCl, bem como de açúcar se dissolvem em 25 mL de água, enquanto pouco sal $K_2Cr_2O_7$ se dissolve neste mesmo volume de água, ocorrendo precipitado. Depois, foi sendo adicionando sal até ocorrer precipitação, permitindo explicar o conceito de coeficiente de solubilidade e de soluções insaturadas, saturadas e supersaturadas. Esta demonstração tomou aproximadamente os primeiros 25 min da aula, desde sua preparação até sua demonstração e explicação. Em seguida, a professora retomou o conteúdo teórico de coeficiente de solubilidade e solicitou a mim que preparasse exercícios selecionados do livro didático Usberco e Salvador (2001), com os quais foram preparadas três provas.

No dia 22/06 foi aplicada a prova referente ao conteúdo de misturas e soluções. Foram trabalhados alguns exercícios sobre coeficiente de solubilidade, com cálculos e gráficos na primeira aula, como auxílio e revisão para a prova.

A maioria dos alunos aparentavam estar atentos. Tinham dúvidas e resolviam o que foi solicitado, exceto um grupo de alunos do fundo que não demonstrou nenhum interesse e conversou o tempo todo. Na segunda aula aplicou-se a avaliação escrita, a qual será apresentada no próximo capítulo.

A avaliação transcorreu normalmente, mas os mesmos alunos desinteressados no início da aula resolveram colar. O intrigante foi que, mesmo tendo eles percebido que eu os vi colando, continuaram descaradamente, passando papeis com as respostas. A professora somente enxergou alguns dos papéis de dois alunos no final da prova, e resolveu anular as questões contidas na cola dos mesmos.

No dia 29/06 aplicou-se a recuperação da prova para os alunos que ficaram com nota abaixo de 6,0. A sala foi dividida: um lado com alunos fazendo a recuperação, outro com alunos estudando para outra prova de outra disciplina. A recuperação, desta vez, foi preparada com novas questões, diferentes da prova.

Capítulo 4

O estágio de regência

Conteúdos Planejados na Unidade Didática

A unidade didática apresentada no capítulo 2, foi aplicada durante o estágio de regência e será descrita e discutida neste capítulo. A mesma teve a Termoquímica como tema estruturador, com o qual se tentou desenvolver uma abordagem com aspectos do movimento CTSA (Ciência, Tecnologia, Sociedade e Meio Ambiente).

O planejamento da unidade baseou-se nas condições da escola, já que foi desenvolvida durante o período do estágio de observação. Assim, de acordo com a estrutura física e materiais disponíveis, bem como o perfil das turmas, fez-se as proposições contidas na unidade.

Como se pode perceber ao longo do capítulo 2, o planejamento seguiu um cronograma de 12 aulas (incluindo a avaliação). Foram planejados 8 encontros de duas horas aula cada, referentes à Termoquímica, cuja estrutura foi a seguinte:

1. Pesquisa relacionada às formas de obtenção da energia e seus usos na sociedade;
2. Apresentação de seminários com os temas pesquisados;
3. Vídeo e questionário sobre as formas de energia;

4. Conceitualização sobre energia, calor, trabalho, formas de transformação da energia;

5. Reações endotérmicas e exotérmicas: teoria, experimentos e atividades;

6. Entalpia de formação, de ligação e cálculo da lei de Hess;

7. Espontaneidade dos processos e entropia. Fechamento de conteúdo: vídeo "O calor e a geração de energia";

8. Avaliação final.

Obviamente o cronograma preparado na unidade didática foi readaptado de acordo com a realidade do colégio, a disponibilidade de horários de aulas, o desempenho dos alunos e fatores inerentes à prática educativa.

Regência

A regência foi conduzida semelhantemente em ambas as turmas por serem de segundo ano. Contudo, no início houve uma disparidade, já que no 2ºA a professora da turma já havia trabalhado o tema misturas e solubilidade, faltando apenas a os cálculos de concentração, enquanto no 2ºB nada tinha sido tratado a respeito. Porém, devido a alguns feriados na quinta-feira, rapidamente foi possível nivelar as duas turmas em termos de andamento do conteúdo.

Como se pode notar, todo o planejamento da unidade didática foi feito para o conteúdo de Termoquímica. Porém, o atraso do conteúdo de soluções me obrigou a iniciar a regência com o mesmo, sendo que todo o terceiro bimestre (de 28/07 a 15/09) foi necessário para concluir este tema e avaliar a turma através de prova escrita e trabalhos. Ressalta-se que nada deste conteúdo estava planejado e, para que eu pudesse ministrar as aulas de Termoquímica, resolvi juntamente com a professora, que tentaria concluir o mais rápido possível o conteúdo de soluções.

Obviamente, a melhor abordagem possível foi aplicada, de acordo com as condições existentes. O resultado não foi surpreendente nem decepcionante. Alguns alunos se mostraram participativos e interessados nas aulas, outros, apenas estavam presentes. Não irei me ater a análise detalhada desta etapa de ensino por não ter sido o foco do planejamento da oficina e do desenvolvimento do estágio. Apenas apresentarei um apanhado sintético do que foi exposto e a dinâmica das aulas.

Desenvolvimento do terceiro bimestre: Soluções

As aulas foram preparadas com auxílio dos livros de Martha Reis (FONSECA, 1993), Tito e Canto (PERUZZO E CANTO, 2004) e Feltre (2004). Deles extraiu-se o conteúdo trabalhado em sala de aula e alguns exercícios. Outros exercícios foram adaptados da e alguns de autoria própria.

No 2ºB, as aulas partiram desde miscibilidade de misturas, dispersões coloidais, preparo de soluções, coeficiente de solubilidade, saturação/instauração de soluções, curvas de solubilidade, cálculo de concentração comum (em massa), concentração molar, densidade e diluição de soluções. No 2ºA a estruturação foi a mesma, porém iniciou-se no cálculo de concentração.

A respeito da participação e entusiasmo dos alunos, o que se percebeu durante as aulas de soluções foi similar ao observado no início do estágio durante as aulas da professora da turma. Em geral os alunos se comportavam bem, alguns tiravam dúvidas, questionavam, procuravam realmente entender o que era ensinado, enquanto outros tratavam com indiferença. Grande parte resolvia ou tentava resolver os exercícios em sala, enquanto outros não faziam questão, sendo preciso solicitar pessoalmente para que até mesmo o caderno fosse aberto.

Desconsiderando os feriados previstos de 7 de setembro e 12 de outubro, os quais coincidiram com dias das minhas aulas de química (quarta e quinta), além destes houve no dia 04/08 uma reunião de pais no colégio exatamente no horário de minha aula no 2ºB. Esta reunião findou-se apenas faltando 15 minutos para o término do horário de minha aula. Sendo assim, utilizei-os para passar parte do conteúdo programado para aquele dia. Na semana seguinte foi realizada a Olimpíada de Matemática na escola e, portanto, não houve aulas.

Outro fator importante que tomou e continuará tomando muito tempo dos professores da rede estadual é a recuperação paralela. É necessário que a recuperação do aluno ocorra durante todo o ano letivo. Assim, é preciso usar uma aula toda para aplicar a avaliação (com prévia revisão do conteúdo, o que demanda duas aulas) e, em outra semana, aplicar a avaliação paralela para os alunos com baixo desempenho, o que também demanda cerca de duas aulas. Desta forma, praticamente duas semanas de aulas são necessárias para concluir todo o processo avaliativo. Considerando que o bimestre letivo possui cerca sete semanas "aproveitáveis", já que sempre há algum feriado ou atividade programada, subtraindo o tempo de avaliações restam apenas cinco semanas (10 aulas de química de 50 min.) para trabalhar todo o conteúdo do bimestre. Obviamente, neste tempo não é possível fazer um trabalho didático-pedagógico ótimo. Ou prioriza-se o conteúdo a ser trabalhado, para cumprir com o planejamento ou então se tenta fazer aulas mais agradáveis e proveitosas ao aluno com a consciência que não será possível cumprir com o planejado.

No onde o estágio foi desenvolvido, o regimento escolar determina que as avaliações bimestrais devem ser baseadas em provas escritas, com valor de 8,0 pontos, somadas à média de trabalhos ou outras atividades avaliativas com valor 2,0 pontos. As avaliações foram elaboradas pautando-se nos conteúdos desenvolvidos nas aulas, na resolução de exercícios. As avaliações aplicadas às duas turmas encontram-se abaixo, assim como a recuperação, que foi a mesma para ambas as turmas.

AVALIAÇÃO DE QUÍMICA – 3º bimestre

Nome:____________________Turma: 2ºA Data: ___/___/___

1) (1,5) Uma amostra de vinagre contém 12 g de ácido acético, $C_2H_4O_2$, por 100 mL. Qual é a concentração deste ácido, em g/L e em mol/L? (Dados: H= 1; C=12; O= 16 g/mol)

2) (1,0) Coloque verdadeiro (V) ou falso (F). A concentração de uma solução **aumenta** quando:
   ( ) adiciona-se soluto;
   ( ) adiciona-se solvente;
   ( ) retira-se soluto;
   ( ) simplesmente separa-se a solução em dois frascos;
   ( ) a solução é aquecida e parte do solvente evapora.

3) (1,0) Uma solução foi preparada misturando-se 20 g de um sal com 200 g de água, originando uma solução cujo volume é 200 mL. Determine sua densidade, em g/mL.

4) (1,5) A concentração comum de uma solução é de 50 g/L. Determine o volume dessa solução, sabendo que ela contém 100 g de soluto dissolvido.

5) Uma solução de Soda Cáustica foi preparada adicionando 80 g de NaOH em 1 L de água. (Dados: M_{NaOH} = 40 g/mol)
   a- (1,5) Calcule a concentração desta solução em mol/L.

b- (1,5) Em 100 mL da solução preparada na letra A, foram adicionados 100 mL de água para o preparo de uma segunda solução (mais diluída). Qual é a concentração desta solução diluída?

Formulário:
$d = m / V$ $C = m_1 / V$ $M = n_1 / V$ $M = m_1 / (M_1 . V)$
$M_i . V_i = M_f . V_f$

BOA PROVA!!!!!!

AVALIAÇÃO DE QUÍMICA – 3º bimestre

Nome:____________________Turma: 2ºB Data: ___/___/___

1) (0,5) **a**- Do que uma solução é formada?
 (0,5) **b**- Defina o que é o **soluto** e o que é **solvente** em uma solução.

2) (1,0) Complete com HOMOGÊNEA, HETEROGÊNEA, POLAR ou APOLAR.
 A junção de dois líquidos de mesma polaridade forma uma mistura __________________, enquanto um líquido polar com um líquido _________________ formam um sistema heterogêneo. Uma solução será formada quando houver uma mistura ___________________. Substâncias em estados físicos diferentes formarão mistura ____________________.

3) (1,5) Em uma temperatura fixa, for sendo adicionado soluto à uma solução INSATURADA chegará um momento em que o limite de solubilidade será atingido. Qualquer quantidade adicional de soluto faria com que se formasse precipitado.
 a- Ao atingir o limite de solubilidade, a solução formada será **insaturada, saturada** ou **supersaturada**?

 b- Após a saturação da solução, se forem adicionados mais 5 g de soluto ocorrerá formação de precipitado. Cite duas alternativas para fazer com que o precipitado seja solubilizado novamente.

4) (1,0) A densidade de uma solução é de 1,2 g/mL. Determine a massa dessa solução que apresenta um volume de 1 L.

5) (1,0) Calcule a concentração comum (em g/L) de uma solução com 100 g de soluto dissolvido, cujo volume total é de 500 mL.

6) Uma solução foi preparada adicionando 50 g de $CaCO_3$ em 1 L de água.
(Dados: M_{CaCO3} = 100g/mol)
a- (1,5) Calcule a concentração desta solução, em mol/L.

b- (1,0) Em 100 mL da solução preparada na letra A, foram adicionados 100 mL de água para o preparo de uma segunda solução (mais diluída). Qual é a concentração desta solução diluída?

Formulário:
$d = m / V$ $C = m_1 / V$ $M = n_1 / V$ $M = m_1 / (M_1.V)$
$M_i.V_i = M_f.V_f$

BOA PROVA!!!!!!

RECUPERAÇÃO DE QUÍMICA – 3º bimestre.

Aluno:______________________Nº:____Turma:____Data:___/___/___

1) Prepara-se uma solução dissolvendo-se 10 g de sacarose ($C_{12}H_{22}O_{11}$) em 192 g de água, sendo que a solução formada completou um balão volumétrico de 200 mL. (dados: H= 1; C= 12; O= 16 g/mol)
   a- (0,5) Qual é o soluto?

   b- (0,5) Qual é a massa molar da sacarose?

   c- (1,0) Qual é a concentração molar da solução?

   d- (1,0) Qual é a densidade desta solução, em g/mL?

   e- (1,0) Qual é a concetração comum da solução, em g/L? Qual é o título dessa solução?

2) (2,0) Determine a massa de butanal ($C_4H_{10}O$), necessária para preparar 500mL de solução 0,20mol/L.

3) Uma solução foi preparada adicionando 750 mL de água a 250 mL de uma solução a 10 mg/L de sacarose. Calcule a concentração da solução obtida.
   a- (0,5) Qual é o volume final da solução formada, em litros?

   b- (1,5) Qual é a concentração comum da solução final obtida, em mg/L?

$d = m / V$ $C = m_1 / V$ $M = n_1 / V$ $M = m_1 / (M_1.V)$ $M_i.V_i= M_f.V_f$ BOA PROVA!!!!!!

Como nota de trabalhos, solicitei a pesquisa de alguns temas relacionados ao uso da energia na sociedade, para adiantar o trabalho da unidade de Termoquímica. Assim, cada turma foi dividida em seis equipes com cerca de quatro integrantes, sendo que cada equipe recebeu um tema distinto relacionado à energia – carvão, derivados do petróleo, gases da queima do carvão e petróleo, energia hidroelétrica, energia nuclear e energias alternativas (conforme planejado na unidade didática do capítulo 2).

Com a pesquisa destes temas deveria ser produzido um trabalho teórico para ser entregue e preparado uma apresentação na forma de seminário para toda a turma, tendo o valor de 1,0 ponto para a parte escrita e 1,0 para a apresentação. A discussão das apresentações será feita mais adiante, quando tratar-se especificamente da aplicação da unidade didática. Porém, apesar deste trabalho referir-se ao conteúdo do quarto bimestre, os dois pontos foram contabilizados na nota do terceiro bimestre.

Como a recuperação foi necessária para vários alunos, também apliquei as questões contidas na recuperação para o restante dos alunos. Assim, no dia da recuperação, a turma foi dividida em duas partes: uma parte fazendo a recuperação sem material, tendo sua nota contabilizada no bimestre e, a outra parte, resolvendo-a como forma de atividade, podendo consultar o caderno. Desta forma, quem não necessitou de recuperação teve sua nota bimestral constituída pela nota do trabalho escrito e apresentação do seminário sobre energia (1,0 + 1,0) somados à nota da prova escrita (8,0).

Quarto bimestre: Aplicação da Unidade de Termoquímica

As aulas de química para o quarto bimestre começaram, de fato, no dia 14 e 15/09 com a apresentação dos seminários sobre energia e entrega do trabalho escrito, como mencionado no item anterior. Depois, seguiram conforme o planejamento da unidade didática de Termoquímica apresentado no capítulo 2, com adaptações que serão apresentadas e discutidas nos tópicos a seguir.

Apresentação dos seminários sobre energia

Como dito anteriormente, o início da unidade didática de termoquímica propunha uma pesquisa de temas básicos relacionados à energia e suas transformações aplicadas no cotidiano como parte da problematização das aulas. Desta forma, uma equipe pesquisava apenas sobre um dos seis temas, escrevia seu trabalho e compartilhava os conhecimentos adquiridos com toda a classe na forma de seminário.

Os temas de pesquisa foram distribuídos com três semanas de antecedência à data de apresentação. Durante as aulas nas semanas que se sucederam, as dúvidas que surgiam em algumas equipes foram sanadas, dando um direcionamento à pesquisa quando necessário. A apresentação dos seminários iniciou-se no dia 14 e 15/09, no 2ºA e B, respectivamente. Ou seja, no mesmo dia da recuperação paralela – na primeira aula aplicou-se a recuperação e na segunda foi possível fazer a apresentação de duas equipes. Na semana seguinte, dias 21 e 22/09 concluíram-se as apresentações das quatro equipes restantes em cada turma.

Com o seminário, foi possível fazer uma discussão e debate de ideias com a classe a respeito do tema, permitindo um aprofundamento maior em questões políticas, econômicas, éticas e sociais que são condizentes com aquele tema. Desta forma, todas as equipes apresentaram o tema de maneira satisfatória, sendo possível compartilhar o conhecimento de vários tópicos distintos com toda a classe de maneira mais proveitosa, consolidando melhor os conceitos. Quando algo ficou a desejar, tentei mediar uma discussão que permitisse uma percepção e entendimento mais acurados a respeito.

Penso que as exposições e discussões foram condizentes com o nível de Ensino Médio. Algumas equipes utilizaram cartazes, outras apresentaram vídeos e a maioria apenas expos oralmente, sendo que com raras exceções, todos os alunos liam o material preparado num rascunho. Obviamente algumas equipes se sobressaíram e outras deixaram muito a desejar, mas o debate após a apresentação sempre foi bastante proveitoso.

Na turma 2ºB, o tema de energia nuclear não foi apresentado, já que, por vontade própria, apenas um aluno ficou responsável por este tema. Contudo, o mesmo se recusou a apresentar e a fazer o trabalho escrito. Isso já era, de certa forma, esperado por mim e pela professora da turma, já que este aluno tinha uma postura pouco responsável e indiferente ao aprendizado durante as aulas. Enquanto professores, as tentativas e insistências que fizemos para que ele participasse das aulas e também desenvolvesse o trabalho em outra oportunidade, não foi acolhida por ele. O fato foi levado a conhecimento da coordenação pedagógica, mas esta desmotivação era recorrente em outras disciplinas. Sua justificativa era a de que já estava reprovado e só ia para a escola porque era obrigado pela família.

Para os trabalhos escritos limitou-se que fossem de no máximo de três páginas. Em uma breve análise, observa-se que a maioria foram cópias de textos retirados da internet e algumas reportagens. Mas todas as equipes fizeram uma boa busca, completa e que contemplava o tema solicitado. No geral, considero que tanto o trabalho escrito quanto a apresentação oral tornaram esta atividade valiosa como ferramenta de ensino-aprendizagem, justamente por permitir o debate de opiniões, a disseminação do conhecimento de forma mais leve do que em aulas expositivas e o menor cansaço dos alunos.

É preciso recordar, no entanto, que se tratava de um trabalho introdutório, para ambientar a turma com as discussões que se aprofundariam nas aulas seguintes sobre a temática de energia. Além disso, a produção de um trabalho escrito e a preparação de uma apresentação oral exigem um empenho maior dos alunos, fazendo com que, ao menos o tópico que era de responsabilidade de cada equipe fosse compreendido com mais afinco, para ser apresentado à classe.

Vídeo Caminhos da Energia

As aulas do dia 28/09 (2ºA) e 29/09 (2ºB) se iniciaram relembrando as discussões realizadas nos seminários e apontando a importância da percepção dos processos de transformação que ocorrem em nosso dia a dia. Desta forma, iniciou-se a etapa de problematização do conteúdo, fazendo com que os alunos imaginassem como seriam nossas vidas sem a energia elétrica sob vários aspectos: tecnológicos, cultural, social, alimentícios, de sobrevivência etc.

Um apanhado histórico foi feito regredindo ao que se conhece da vida em eras pré-históricas. Para a complementação desta problematização, um vídeo do programa *Caminhos da Energia*, episódio intitulado "Tudo é Energia", que trata dos aspectos energéticos e sua importância para o ser humano (ver capítulo 2), foi transmitido aos alunos.

Antes do início do vídeo foi entregue aos alunos o questionário proposto na unidade didática. Tratam-se de seis questões para direcionar a atenção do assunto e fazer uma análise do entendimento do vídeo. O mesmo teve 26 minutos de duração e foi exibido na televisão da sala de aula, após a solução de alguns problemas de áudio do equipamento. Alguns estudantes preferiram responder às questões durante a exibição, outros apenas prestaram atenção para posterior resposta.

Devido à discussão e aos problemas técnicos, todo o processo acima durou mais de uma aula, restando apenas meia hora da segunda aula após o término do vídeo. Muitos alunos que terminaram de responder o questionário entregaram-no em seguida. Outros preferiram terminar em casa, talvez para poderem assistir novamente ao vídeo, que está disponível no site www.youtube.com, entregando-o na aula seguinte. Esta atividade teve valor de 0,5 ponto na nota do quarto bimestre.

As notas obtidas na correção do questionário foram majoritariamente máximas, tendo apenas duas notas 0,4 em cada turma, devido à algumas respostas inadequadas. Ressalta-se que todos os trabalhos e provas escritas que foram aplicadas por mim, também foram por mim corrigidos, além de lanças as notas no registro de classe e organizá-lo de acordo com as instruções da Secretaria de Educação (SEED) e da equipe pedagógica da escola. Diga-se de passagem, esta é uma tarefa trabalhosa e tediosa de ser feita, além de demandar boa carga de responsabilidade, pois se trata de um documento importante.

As respostas obtidas nos questionários (apresentados no capítulo 2, aula 3 e 4) deixaram-me satisfeito com a atividade, sendo que todos os trabalhos entregues foram dignos da boa nota que tiveram. Certamente houveram alguns destaques muito positivos e outros nem tanto. Mas todos mostraram atenção tanto no vídeo quanto na discussão anterior e posterior a ele.

Os estudantes perceberam a dificuldade na vida moderna sem a energia elétrica, não apenas nos processos domésticos que a utilizam, mas também na produção industrial, no desenvolvimento tecnológico, de saúde pública, na economia etc. O relato no vídeo de duas senhoras que vivem em uma comunidade sem energia elétrica foi importante para esta percepção (questão 2).

Outro ponto importante foi o exposto a respeito das vantagens da energia hidroelétrica comparada com a queima de combustíveis fósseis (questão 4 e 5), que reforçou a discussão feita nos seminários, sendo que os alunos conseguiram respondê-la de forma bastante satisfatória.

Por fim, a questão 6 permitiu um apanhado geral do tema e contribui para uma formação mais cidadã e consciente. A frase ao final do vídeo "O grande desafio é a mudança do homem e não da tecnologia" sintetiza bem a urgência da tomada de atitude da população para enfrentar os problemas energéticos e ambientais atuais e futuros, alertando os estudantes para serem agentes transformadores da sociedade futuro, o que é um objetivo e dever da educação. Neste sentido, nas respostas à esta questão foi possível identificar que os alunos possuem esta consciência e podem cooperar para uma melhoria deste quadro.

Na meia hora restante para o término desta aula, iniciou-se o conteúdo teórico de Termoquímica, registrando na lousa e explicando os conceitos de calor, medidas de calor e equilíbrio térmico, cuja continuidade foi dada na aula seguinte.

Calor, Transformações de energia, reações de combustão e reações bioquímicas

Para as aulas ministradas nos dias 28/09 e 19/10 para o 2ºA e em 29/09, 06/10 e 13/10 para o 2ºB, foram ministrados os conteúdos planejados nas aulas 5 e 6. Ou seja, como o planejamento destas aulas abrangia boa parte do conteúdo formal da termoquímica, que se optou por abordar de forma contextualizada e com vários exemplos de transformações e usos da energia, o tempo delas se estendeu além do planejado.

Parte do conteúdo foi registrado na lousa e parte apenas discutido verbalmente, ensinando os conceitos de calor, transformações de energia e reações de combustão. Este planejamento pautou-se, principalmente no livro de SANTOS E MÓL (2010). Outra bibliografia usada foi *Lehninger Princípios de Bioquímica* (NELSON e COX, 2007) na tentativa de um trabalho interdisciplinar para fazer uma abordagem geral do processo de produção de ATP em nosso organismo, através da glicólise e ciclo de Krebs, gerando a energia necessária para a sobrevivência do ser humano.

Percebi que o processo de problematização sobre os usos da energia na sociedade feito através dos seminários e do vídeo foram fundamentais para uma discussão mais proveitosa durante o trabalho da parte teórica. Nestas aulas foi possível definir satisfatoriamente o conceito de calor, de equilíbrio térmico e fazer com que os alunos percebessem que o Universo está em um equilíbrio energético e que este não é alterado com os usos antrópicos da energia, sendo que tudo é recompensado de alguma forma.

Para isso, também trabalhei o ciclo do Carbono na atmosfera com enfoque energético (não está preparado em nenhum material). Esta discussão partiu o processo de fotossíntese, quando é necessário o uso da energia solar para transformar CO_2 e H_2O em carboidratos (matéria vegetal) que, ao cair no solo, entra num processo lento de decomposição, cuja matéria orgânica, ao longo milhares de anos em altas temperaturas e pressões, vai se transformando em petróleo e carvão mineral no subsolo. Desta forma, a energia solar usada na fotossíntese fica armazenada entre as ligações dos elementos que compõem os compostos orgânicos formados. Com a extração destes pelo homem e sua queima, esta energia é liberada na forma de calor, podendo ser transformada em energia elétrica ou outras para geração de trabalho. Na combustão, o CO_2 e H_2O são novamente liberados para a atmosfera, podendo entrar no ciclo do carbono novamente (MILLER e SPOOLMAN, 2015).

Com isso, também foi necessário trabalhar a combustão de hidrocarbonetos (combustão completa e incompleta) e a poluição que a mesma gera, abordando inclusive aspectos ambientais com formação de chuva ácida e aquecimento global.

No trabalho de processos endotérmicos e exotérmicos foram definidos os conceitos de sistema, fronteira e vizinhança através de exemplos cotidianos e de fácil visualização. Assim, foram explicadas as transformações físicas da matéria e a absorção ou liberação de energia durante os processos de fusão, vaporização, condensação, solidificação e sublimação, bem como o conceito de calor de reação ou Entalpia nas transformações químicas.

Diagramas de energia e experimentos com reações endotérmicas e exotérmicas

Estes tópicos do conteúdo foram abordados nas aulas de 19 e 26/10 no 2ºA e em 20/10 no 2ºB. O ensino de como construir um diagrama de energia foi feito por analogias com a energia cinética despendida por um carro ao descer uma ladeira (reações exotérmicas) ou a necessidade de aceleração para adquirir energia cinética ao subir uma ladeira (reações endotérmicas), de acordo com o planejado na unidade didática (capítulo 2).

O **ensino por analogia** permitiu que os alunos conseguissem compreender muito bem os diagramas de energia. Contudo, isso apenas foi possível devido à boa discussão feita durante os seminários, principalmente nos seminários sobre energia hidroelétrica. Naquele momento foi feita uma boa abordagem interdisciplinar, principalmente com a Física, abrangendo os processos de transformações de energia mecânica/cinética em elétrica. Assim, aqueles conceitos consolidados foram aproveitados e transpostos da física para a química na analogia com as reações químicas endotérmicas e exotérmicas e sua representação em diagramas de energia.

O entendimento dos alunos ficou evidenciado na realização de um exercício em sala para construção destes diagramas para algumas reações, sendo que os alunos conseguiram resolver todos rapidamente. Além disso, na continuação da aula, foram feitos experimentos para investigar o calor absorvido ou liberado por algumas reações químicas.

A prática consistiu nas reações planejadas na unidade didática de Termoquímica. Cada reação era feita em tubos de ensaio ou outros recipientes apropriados, onde era possível identificar o aquecimento ou resfriamento do recipiente (fronteira), permitindo identificar se a reação era endotérmica ou exotérmica. Após esta etapa, a reação ocorrida era mostrada na lousa e solicitava-se que a mesma fosse demonstrada num diagrama de energia, o qual deveria ser entregue ao final da aula com valor de 0,5 pontos na nota de trabalhos.

As reações exotérmicas demonstradas nesta etapa chamaram a atenção dos alunos pela grande liberação de calor, que faz incendiar um chumaço de algodão, explodir e carbonizar um copo plástico com açúcar e, também, liberar grande quantidade de calor e espuma na decomposição exotérmica da água oxigenada, que forma gás oxigênio.

Por serem práticas perigosas e exigirem cuidado na execução, elas foram feitas de forma expositiva, sem a manipulação direta por porta dos alunos. Contudo, o entusiasmo deles era evidente, que filmaram e fotografaram todo o processo. Na correção dos diagramas de energia montados pelos estudantes, foram constatados pouquíssimos erros, sendo que quase todos os alunos conseguiram representar corretamente e satisfatoriamente todas as reações.

Entalpia de formação, lei de Hess e cálculo de ΔH

A finalização do conteúdo de Termoquímica, conforme planejado na unidade didática, não foi possível devido ao grande tempo que eu já havia passado na escola, mesmo que fosse da vontade da professora das turmas que eu permanecesse. Desta forma, a conclusão das aulas foi feita por ela com uma semana adicional em cada turma. Os conteúdos referentes à lei de Hess e cálculos de variação de entalpia foram ministrados pela professora e, segundo ela, foram avaliados através de um trabalho com o valor de 1,0 ponto na nota bimestral.

O vídeo final, planejado na unidade didática não foi exibido devido à falta de tempo hábil, encerrando-se por aqui o conteúdo de termoquímica.

Sabemos que na docência muitas adaptações ao planejamento corriqueiramente são necessárias. Neste caso, o tempo destinado à regência tinha prazo determinado. Ela precisou se encerrar no dia 26/10, não sendo possível desenvolver toda a unidade didática por necessitar ainda de um tempo considerável.

Na sequência, na tentativa de abranger uma parte importante do currículo de Química da segunda série, a professora da turma trabalharia o que fosse possível a respeito de Equilíbrio Químico, procurando ser sintética. Assim, a avaliação final contaria com algumas questões de Termoquímica que planejei na unidade didática, a serem escolhidos por ela, e outros de Equilíbrio Químico que viriam a ser explicados, compondo os 8,0 pontos da avaliação. Contudo, não tive acesso a esta avaliação para poder discuti-la.

CONSIDERAÇÕES FINAIS

Considerando as atividades aqui descritas, a experiência adquirida em sala de aula, no planejamento das aulas e no convívio com os alunos e outros professores, posso assegurar que a análise sobre a etapa final do Estágio Supervisionado em Química foi positiva. Mais ainda, este processo é fundamental para a formação de professores, pois permite a vivência do formando no ambiente de trabalho de sua futura profissão.

Apesar das dificuldades encontradas, muitas delas comuns à todas as escolas públicas, aponto duas que foram uma realidade em minha prática de estágio e que considero importantes. Primeiro, a presença da professora todo o tempo na sala de aula tem aspectos positivos e negativos. Positivos, pois o estagiário principiante pode se apoiar nela quando necessário, tirar dúvidas, contar com a ajuda para uma maior organização da classe. Contudo, sua presença constante, muitas vezes, tira a autonomia do estagiário, não sendo ele de fato quem comanda a turma. Isso, de certa forma desvirtua um pouco a realidade que será enfrentada na vida real da profissão de professor. No entanto, entendo que é necessário nesta etapa da formação do licenciando, já que muitos equívocos ainda podem ser cometidos devido à pouca experiência e preparo que o aluno da graduação costuma chegar na escola. Apenas a prática de repetidos anos de sala de aula devem trazer uma bagagem curricular e de técnicas de abordagem dos conteúdos, bem como melhorar as habilidades sociais no trato com os estudantes.

Segundo, particularmente para mim, um empecilho para o desenvolvimento de uma boa prática educativa foi a necessidade de um certo grau de improviso no conteúdo de soluções. É óbvio que cada aula foi planejada antes de ser ministrada. Porém, não houve um planejamento amplo enquanto unidade didática que pudesse ter sido feito previamente. Porém, este improviso algumas vezes acaba fazendo parte da profissão e, se por um lado não foi o desejável, por outro foi uma experiência que ajudou a ter uma melhor percepção e preparo para a realidade escolar que em breve enfrentaria.

Considero que as atividades propostas na unidade didática foram adequadas e tiveram sucesso na aplicação. Elas atingiram os objetivos propostos oferecer uma formação mais cidadã, consciente e transformadora aos alunos. Isso só foi possível devido às atividades diferenciadas planejadas e com as discussões desenvolvidas junto aos alunos.

É claro que hoje, após vários anos de atuação como professor da educação básica e superior, considero que vários pontos da prática do estágio poderiam ser mudados ou melhorados. No entanto, essa percepção não era possível naquela época. Posso afirmar que a preocupação com o planejar e desenvolver boas aulas sempre existiu, desde os mais tenros momentos da formação docente até a prática de uma década como professor. Sempre busquei e continuo tentando contribuir, cada vez mais e melhor, para uma formação cidadã e humanizada no processo de ensino-aprendizagem.

REFERÊNCIAS

ATKINS, P. W. Atkins, físico-química, vol. 2, Rio de Janeiro: LTC, 2008.

BALL, D. W. Físico-Química, vol. 1, São Paulo: Cengage Learning, 2014.

BIANCHI, J.C.A.; ALBRECHT, C.H.; MAIA, D.J.. Universo da Química. Vol. único. 1ed., São Paulo: TFD, 2005.

BRASIL. Ministério da Educação. Secretaria de Educação Fundamental (SEF). Parâmetros curriculares nacionais: ciências naturais. Brasília: MEC/SEF, 2000.

BRASIL. Secretaria de Educação Média e Tecnológica. Parâmetros Curriculares Nacionais: ensino médio. Ciências da natureza, matemática e suas tecnologias. Brasília: MEC, 2000.

BROWN, T. L. Química, a ciência central. São Paulo: Pearson Prentice Hall, 2005.

CAMARGO, G. C. de; SOUZA, . L. de. Química de olho no mundo do trabalho. Vol. único, 1ed., São Paulo: Scipione, 2003.

CANTO, E. L. do. Química na Abordagem do Cotidiano, v. 2: ensino médio, 1. ed., São Paulo: Saraiva, 2016.

CARVALHO, G.C.; SOUZA, C.L. Química de olho no mundo do trabalho. São Paulo: Scipione, 2003.

CARVALHO, J. M. de. Cidadania no Brasil: o longo caminho. 2 ed. Rio de Janeiro: Civilização Brasileira, 2002.

CHASSOT, A. A Ciência através dos tempos. São Paulo: Moderna, 1995.

CHASSOT, A. Catalisando transformações na educação. Ijuí: Unijuí, 1993.

FELTRE, R. Química, vol2. Físico-Química, 6 ed., São Paulo: Moderna, 2004.

FONSECA, M. R. M. da. Química – Martha Reis, v.2: ensino médio, 1.ed., São Paulo: Ática, 2016.

FONSECA, M.R.M da. Química Integral. Vol. ún., São Paulo: FTD, 1993.

FONSECA, M.R.M. da. Química Integral, 2º grau. vol. ún. Martha Reis. São Paulo: FTD, 1993.

FRANCISCO, C. M. e PEREIRA, A.S. Supervisão e Sucesso do desempenho do aluno no estágio, 2004. Disponível na internet.

GOI, M.E.J.; SANTOS, F.M.T. dos. Reações de Combustão e Impacto Ambiental por meio de Resolução de Problemas e Atividades Experimentais. Química Nova na Escola. Vol. 31, n° 3, ago, 2009.

LARA, M. S.; DUARTE, L. G. V. A contextualização na formação de professores de química. ACTIO, v. 3, n. 3, p. 173 - 196, 2018.

LENZI, E.; FAVERO, L. O.; TANAKA, A. S.; VIANA FILHO, E. A.; SILVA, M. B.; GIMENES, M. J. Química Geral Experimental. 2. Ed., Rio de Janeiro: Freitas Bastos Editora, 2012.

LIMA, J.de F.L. de; PINA, M.do S.L.; BARBOSA, R.M.N.; JÓFILLI, Z.M.S. A Contextualização no Ensino de Cinética Química. Química Nova na Escola, n.11, mai, 2000.

LUDWIG , A. C. W. Educação para o trabalho e educação para a cidadania . Revista Educação e Políticas em Debate, v. 11, n. 3, p. 1207–1222, 2022. DOI: 10.14393/REPOD-v11n3a2022-64470.

MILLER, G. T.; SPOOLMAN, S. E. Ciência Ambiental. São Paulo: Cengage Learning, 2015.

MOTA, C.J.A; ROSENBACH, N.; PINTO, B.P. Química e Energia: Transformando Moléculas em Desenvolvimento. Coleção Química no Cotidiano. Vol. 2. São Paulo: Sociedade Brasileira de Química, 2010.

NELSON, D. L.; COX, M. M. Lehninger: Princípios de Bioquímica. 4 ed. São Paulo: Sarvier, 2007.

OHLWEILER, A. O. Fundamentos de Análise Instrumental. Rio de Janeiro: LTC, 1981.

PERUZZO, T. M.; CANTO, E. L. Química na abordagem do cotidiano. Vol. 2, Físico-Química, 2 ed., São Paulo: Moderna, 2004.

RANGEL, R. N. Práticas de físico-química. 3 ed., São Paulo: Blucher, 2006.

SANTIAGO, M. C.; ANTUNES, K. C. V.; e AKKARI, A. Educação para a cidadania global: desafios para a BNCC e formação docente. Revista Espaço do Currículo, v.13, n. especial, 687-699, 2020. doi.org/10.22478/ufpb.1983-1579.2020v13nEspecial.54368

SANTOS, A.B. dos. Aulas práticas e a motivação dos estudantes de ensino médio. XI Encontro de Pesquisa em Ensino de Física. Curitiba, 2008.

SANTOS, W. P., MÓL, G. S. Química Cidadã: reações químicas, seus aspectos dinâmicos e energéticos; água e energia. Vol. 2, 1 ed., São Paulo: Nova Geração, 2010, p. 135-173.

SANTOS, W.L.P. Contextualização no ensino de ciências por meio de temas CTS em uma perspectiva crítica. Ciência e Ensino, vol. 1, 2007.

SANTOS, W.L.P.; MÓL, G.S. Química Cidadã – reações químicas, seus aspectos dinâmicos e energéticos – água e energia. Vol.2. 1 ed. São Paulo: Nova Geração, 2010.

SANTOS, W.L.P.; SCHNETZLER, R.P. Ensino de química e cidadania. Química Nova na Escola, n.4, p. 28-34, nov,1996.

UNESCO. Education 2030. Déclaration d'Incheon. Vers une éducation inclusive et équitable de qualité et un apprentissage tout au long de la vie pour tous. Paris: UNESCO, 2015.

USBERCO, J.; SALVADOR, E. Química Essencial. 1 ed. São Paulo: Saraiva, 2001.

USBERCO, J; SALVADOR, E. Química. Vol. un. 5. ed. São Paulo: Saraiva, 2002.

www.efdeportes.com/efd69/aluno.htm. Acesso em 17/04/2024.

www.ingramcontent.com/pod-product-compliance
Ingram Content Group UK Ltd.
Pitfield, Milton Keynes, MK11 3LW, UK
UKHW021955190726
13853UKWH00004B/1550